essentials

essentials liefern aktuelles Wissen in konzentrierter Form. Die Essenz dessen, worauf es als „State-of-the-Art" in der gegenwärtigen Fachdiskussion oder in der Praxis ankommt. *essentials* informieren schnell, unkompliziert und verständlich

- als Einführung in ein aktuelles Thema aus Ihrem Fachgebiet
- als Einstieg in ein für Sie noch unbekanntes Themenfeld
- als Einblick, um zum Thema mitreden zu können

Die Bücher in elektronischer und gedruckter Form bringen das Expertenwissen von Springer-Fachautoren kompakt zur Darstellung. Sie sind besonders für die Nutzung als eBook auf Tablet-PCs, eBook-Readern und Smartphones geeignet. *essentials:* Wissensbausteine aus den Wirtschafts-, Sozial- und Geisteswissenschaften, aus Technik und Naturwissenschaften sowie aus Medizin, Psychologie und Gesundheitsberufen. Von renommierten Autoren aller Springer-Verlagsmarken.

Weitere Bände in der Reihe http://www.springer.com/series/13088

Olaf Kühne · Florian Weber · Corinna Jenal

Neue Landschaftsgeographie

Ein Überblick

Olaf Kühne
Tübingen, Deutschland

Corinna Jenal
Tübingen, Deutschland

Florian Weber
Tübingen, Deutschland

ISSN 2197-6708 ISSN 2197-6716 (electronic)
essentials
ISBN 978-3-658-20839-4 ISBN 978-3-658-20840-0 (eBook)
https://doi.org/10.1007/978-3-658-20840-0

Die Deutsche Nationalbibliothek verzeichnet diese Publikation in der Deutschen Nationalbibliografie; detaillierte bibliografische Daten sind im Internet über http://dnb.d-nb.de abrufbar.

Springer VS

Gedruckt auf säurefreiem und chlorfrei gebleichtem Papier

Springer VS ist ein Imprint der eingetragenen Gesellschaft Springer Fachmedien Wiesbaden GmbH und ist Teil von Springer Nature
Die Anschrift der Gesellschaft ist: Abraham-Lincoln-Str. 46, 65189 Wiesbaden, Germany

Was Sie in diesem *essential* finden können

- Eine Einführung in wesentliche Grundzüge der Landschaftsgeographie, von den Anfängen bis hin zu neuen Ansätzen.
- Eine kurze Darstellung der Begriffsgeschichte von ‚Landschaft' und wissenschaftlichen Forschungsperspektiven (Essentialismus, Positivismus und Konstruktivismus).
- Eine Ausdifferenzierung konstruktivistischer Perspektiven mit einem Schwerpunkt auf sozialkonstruktivistischen, diskurstheoretischen und radikalkonstruktivistischen Zugängen.
- Eine skizzenhafte Verdeutlichung anhand von Fallbeispielen einschließlich angewandter Forschungsmethoden.
- Die Erläuterung der Relevanz einer ‚neuen Landschaftsgeographie' und weiterer, potenzieller Forschungsschwerpunkte.

Inhaltsverzeichnis

1 Einleitung: Vom Kern der Geographie über das Tabu zu einer ‚neuen Landschaftsgeographie' 1

2 Der Begriff ‚Landschaft' sowie essentialistisch und positivistisch orientierte Zugänge 5
- 2.1 Ein kurzer Überblick über den Begriff ‚Landschaft' 5
- 2.2 Vom Zentrum ins Abseits: Zur Tabuisierung der Landschaftsgeographie als essentialistische Forschung und positivistische Raumanalysen als Substituenten 7
- 2.3 ‚Landschaft' jenseits der Geographie 9

3 Perspektiven einer ‚neuen Landschaftsgeographie' 11
- 3.1 Die Rückkehr von ‚Landschaft' in die Geographie 11
- 3.2 Sozialkonstruktivistische Landschaftsforschung 15
- 3.3 Diskurstheoretische Landschaftsforschung 21
- 3.4 Radikalkonstruktivistisch-systemtheoretische Forschungsperspektive 25

4 Die Notwendigkeit einer ‚neuen Landschaftsgeographie' – ein Fazit 29

Literatur 33

1 Einleitung: Vom Kern der Geographie über das Tabu zu einer ‚neuen Landschaftsgeographie'

‚Landschaft' ist im deutschsprachigen Raum ein Begriff und damit verbunden ein Konzept, das häufig in unterschiedlichen Kontexten auf vielfältige Weise genutzt wird: Am Wochenende geht es ‚raus' in die ‚schöne Landschaft'. ‚Kulturlandschaften' werden ‚Naturlandschaften' gegenübergestellt. ‚Altindustrielandschaften' oder ‚Almenlandschaften' werden in Wert gesetzt. ‚Neue Energielandschaften' führen durch die Errichtung von Biogas-, Windkraft- und Fotovoltaikanlagen zu Diskussionen. ‚Stadtlandschaften' werden erkundet (als Visualisierung Abb. 1.1). Im übertragenen Sinne werden ‚Forschungslandschaften' ausgelotet. Fast durchgehend ergeben sich geographisch-raumbezogene Verknüpfungen, womit sich der Gedanke aufdrängt, dass gerade die Geographie in der wissenschaftlichen Befassung mit ‚Landschaft' zu deren Erforschung beiträgt. Dem ist aber nur teilweise so: Zwar bildete ‚Landschaft' in der deutschsprachigen Geographie ab dem ausgehenden 19. Jahrhundert „das Codewort ihres Kern-Paradigmas und ihres Zugangs zur Welt" (Hard 2002, S. 172), doch wurde sie ab Ende der 1960er Jahre aus der Human- beziehungsweise Anthropogeographie weitgehend verdrängt (Kühne 2014c, S. 68; Weichhart 2008, S. 68). Mit der so genannten ‚quantitativen Revolution' wurde die Differenzierung von ‚Raum' anhand messbarer Kriterien in den Mittelpunkt des Forschungsinteresses gerückt. Gleichzeitig verkam die Begriffsnutzung ‚Landschaft' zum „Synonym für Un- und Vorwissenschaftlichkeit, Theoriedefizite, geringe Problemorientierung und gesellschaftliche Irrelevanz" (Schenk 2013, S. 30). Bis dahin etablierte Zugänge wurden „als empirisch nicht belegbar, methodologisch kaum begründbar und unschwer ideologisierbar" (Kühne 2014c, S. 70) kritisiert. Aus heutiger Sicht wird dieser Umbruch stark an den Geographentag in Kiel im Jahr 1969 geknüpft, bei dem die Abkehr von ‚Landschaft' handstreichartig in die Wege geleitet wurde. Bis heute, nach Jahren intensiver Auseinandersetzungen und teilweise persönlicher Kränkungen unter Geograph*innen, wirkt der Geographentag nach – und

O. Kühne et al., *Neue Landschaftsgeographie,* essentials,
https://doi.org/10.1007/978-3-658-20840-0_1

Abb. 1.1 ‚Landschafts'-Collage. (Quelle: Eigene Aufnahmen)

wirft gleichzeitig auch seine Schatten voraus, wenn im Jahr 2019 der Kongress für Geographie fünfzig Jahre später erneut in Kiel stattfinden wird. Das Springer-*essential* verfolgt vor diesem Hintergrund zunächst das Ziel, überblicksartig aus zeitlicher Distanz den Wandel für junge Geograph*innen nachvollziehbarer zu machen. Erleichtert wird ein solches Unterfangen sicherlich dadurch, dass wir alle drei als Autor*innen keine persönlichen Verbindungen zu den Ereignissen um 1969 haben, weder unmittelbar (der älteste von uns ist 1973 geboren), noch familiär oder in anderer Weise biografisch.

Doch das ‚Jubiläum' des Kieler Geographentages im Jahr 2019 ist letztlich nur ein Anlass, diese Zusammenschau zu verfassen. Der eigentliche Grund hierfür ist ein anderer: In den letzten Jahrzehnten wurden wissenschaftliche Perspektiven auf

‚Landschaft' entwickelt, die mit der ‚klassischen' oder ‚tradierten' Landschaftsgeographie wenig gemein haben. So wurden zunehmend konstruktivistische Zugänge aufgegriffen und weiterentwickelt: seit den 1980er Jahren in den englischsprachigen raumbezogenen Wissenschaften (hier insbesondere Cosgrove 1985, 1993; Cosgrove und Daniels 1988; Greider und Garkovich 1994), seit den 2000er Jahren auch im deutschsprachigen Raum (etwa Aschenbrand 2017; Bruns und Kühne 2013; Fontaine 2017b; Gailing und Leibenath 2012, 2015; Haber 2001; Hokema 2013; Kaufmann 2005; Kühne 2006a, 2008b; Micheel 2012; Schwarzer 2014; Stemmer 2016; Stotten 2013; Weber 2016b; Wojtkiewicz 2015; Wojtkiewicz und Heiland 2012). Diese ‚neue Landschaftsgeographie' fragt nicht mehr nach dem ‚Wesen von Landschaft' oder einer quantifizierbaren ‚Vermessung von Landschaft', sondern – vereinfacht ausgedrückt – wie ‚Landschaft' in gesellschaftlichen Praxen sozial hergestellt, damit konstruiert und sozial wirksam wird. Auffällig ist, dass entsprechende konstruktivistische Perspektiven in der Geographie aus benachbarten Wissenschaftsdisziplinen heraus entwickelt wurden, eigens der Soziologie, der Philosophie und den Planungswissenschaften (hier insbesondere der Landschaftsplanung und der Raumplanung), in der deutschsprachigen Geographie bislang jedoch eher verhalten Wirkung zeigten. Mit dem *essential* wird vor diesem Hintergrund gerade auch das Ziel verfolgt, aufzuzeigen, warum die Befassung mit ‚Landschaft' aus unterschiedlichen Perspektiven *konstruktivistischer Forschung* heraus für die deutschsprachige Geographie ertragreich sein kann und was sich hiermit gewinnbringend untersuchen lässt. In Abgrenzung von ‚traditionellen' Zugängen wird so auch die Bezeichnung ‚Neue Landschaftsgeographie' genutzt.

Zunächst wird im Folgenden (Kap. 2) kurz auf die Geschichte von ‚Landschaft' geschaut, bevor essentialistische und positivistische Grundperspektiven der Landschaftsforschung knapp dargestellt und miteinander verglichen werden. Im Anschluss daran (Kap. 3) wird in Abgrenzung von der ‚traditionellen' oder ‚klassischen Landschaftsgeographie' die Entwicklung einer ‚neuen Landschaftsgeographie' skizziert. Hier rücken sozialkonstruktivistische, diskurstheoretische und radikalkonstruktivistische Zugänge in den Fokus, die beispielhaft im Hinblick auf die Analyseperspektive und das methodische Instrumentarium beleuchtet werden. Die Angabe weiterführender Literatur soll jeweils eine tiefer gehende Auseinandersetzung vereinfachen. Im Fazit (Kap. 4) werden schließlich Möglichkeiten, aber auch Grenzen der veränderten Forschungsausrichtung aufgezeigt. Die vorliegende Publikation versteht sich entsprechend auch als Plädoyer, das Thema ‚Landschaft' – aus konstruktivistischen Perspektiven – in der deutschsprachigen Human-/Anthropogeographie neu zu verankern, indem die Zugangsschwelle und Berührungsängste durch den komprimierten Überblick herabgesenkt werden.

2 Der Begriff ‚Landschaft' sowie essentialistisch und positivistisch orientierte Zugänge

‚Landschaft' stellt heute, wie in der Einleitung bereits gezeigt, eine Begrifflichkeit dar, die in vielen unterschiedlichen Kontexten genutzt wird. Doch wo kommt der Terminus eigentlich her und welche Veränderungsprozesse hat er bereits erlebt? Einführend wird die Begriffsgeschichte skizziert, um einen Ausgangspunkt für die weiteren Ausführungen zu schaffen. Eine Annäherung an ‚Landschaft' kann wiederum sehr unterschiedlich ausfallen, je nachdem, welche wissenschaftliche Grundposition eingenommen wird. Um ‚klassische' gegenüber ‚neueren' Zugängen zu unterscheiden, werden essentialistische und positivistische Herangehensweisen ausdifferenziert, um nachvollziehen zu können, welche Konsequenzen jeweilige wissenschaftstheoretische Verständnisse auf Forschungsfragen und Forschungsergebnisse zu ‚Landschaft' haben können.

2.1 Ein kurzer Überblick über den Begriff ‚Landschaft'

‚Landschaft' kann bereits als *landscaf(t)* bis in das neunte Jahrhundert zurückverfolgt werden, wobei damit zunächst eine „regio/Gebiet" (Schmithüsen 1973, S. 167), die „Gestalt eines Raumes" (Claßen 2016, S. 32), die „Qualität eines größeren Siedlungsraumes" (Müller 1977, S. 6) beziehungsweise ein „Herrschaftsbezirk" (Ipsen 2006, S. 73) bezeichnet wurde. Eine raumbezogene Ausrichtung war damit von Anfang an vorhanden, allerdings wurde ‚Landschaft' noch nicht ‚geschaut' oder ‚gesehen' beziehungsweise auch noch nicht mit ‚Natur' assoziiert. Es dominierten „territoriale, ethno-soziale und rechtspolitische Dimensionen" (Schenk 2013, S. 24–25; auch Kühne 2015, S. 44). Eine ästhetische Betrachtung eines ‚Raumausschnittes' – und damit Zuschreibungen wie ‚schön' oder ‚hässlich' – ergab sich erst, als die Malerei verstärkt im 15. Jahrhundert

O. Kühne et al., *Neue Landschaftsgeographie*, essentials,
https://doi.org/10.1007/978-3-658-20840-0_2

'Landschaft' als Fachbegriff „in die Malerei für die Darstellung eines Naturausschnittes" einführte (Kühne 2006a, S. 51; auch Schenk 2001, S. 618). So konnte sie zur „ästhetische[n] Natur" (Haber 2001, S. 7) werden. Im 16. und 17. Jahrhundert entwickelte sich die 'Landschaftsmalerei' zu einer „der Hauptgattungen der Malerei" (Schenk 2013, S. 26) und so zu einem eigenen Genre (Jessel 2000), womit gleichzeitig die politischen Implikationen des Terminus 'Landschaft' schwanden (Schenk 2013, S. 26). Eine noch stärkere Ästhetisierung und Mystifizierung erfolgte im Zuge der Romantik und deren Landschaftsmalerei und Literatur, womit zunehmend 'erlernt' wurde, „die Natur als Landschaft zu sehen" (Hard 2002, S. 177; auch Hammerschmidt und Wilke 1990) sowie 'Landschaft' und 'Natur' als Spiegelbild und Projektionsfläche seelischer Prozesse aufzufassen (Kremer und Kilcher 2015). In der Folge wird 'Landschaft' immer mehr zum Begriff, der mit 'schöner Naturraum' und symbolischen Konnotationen verknüpft wurde und in die Alltagssprache Einzug hielt (Haber 2001, S. 8; Hard 2002, S. 177; Schenk 2001, S. 618, 2013, S. 27). Zum einen erfolgte eine bis heute aktive starke Verknüpfung an die bereits angelegten Assoziationen und Konnotationen von 'Landschaft' als 'das Natürliche' und 'Unveränderliche' (Schwarze 1996, S. 426). Hierzu trägt auch gerade der Begriff der 'Kulturlandschaft' bei, der zur Mitte des 19. Jahrhunderts durch Wilhelm Riehl, Volkskundler und Sozialtheoretiker, eingeführt wurde und der die These vertrat, dass es eine „unentwirrbare Verbindung zwischen Volk und Landschaft" (Kühne 2008b, S. 21; hierzu auch Körner und Eisel 2006; Lekan und Zeller 2005) gebe. Zum anderen ergaben und ergeben sich neue und veränderte Zuschreibungen und Verknüpfungen durch voranschreitende technische und gesellschaftliche Veränderungsprozesse (Kühne 2006a, S. 50). So wird es heute beispielsweise zur Frage, inwieweit Windkraftanlagen 'landschaftlichen' Seherwartungen eher zuwiderlaufen oder aber auch als Teil einer 'schönen Landschaft' geschaut werden können. Als ein weiteres Beispiel kann die vielfach unhinterfragte Dichotomie von Stadt und Land angeführt werden: Während – zunächst auf Grundlage politisch-rechtlicher Definitionen, später auch durch ästhetisch-künstlerische, symbolische und religiös-mystifizierende Bezugnahmen etabliert – 'Landschaft' lange das Gegenteil von 'Stadt' bedeutete, werden heute Übergänge fließender. Denn Stadt/Land lassen sich im Zuge räumlich-technisch-gesellschaftlicher Veränderungsprozesse kaum mehr eindeutig voneinander unterscheiden, sodass zunehmend Räume entstehen, die den 'etablierten' Blick auf 'Landschaft' irritieren (Hofmeister und Kühne 2016b). So wird in diesem Kontext bspw. von 'Stadtlandschaften' (Burckhardt 2006a, S. 114; hierzu auch Hofmeister und Kühne 2016a), 'Zwischenstadt' (Sieverts 2001),

‚modularer Landschaft' (Ipsen 2006) oder ‚StadtLandHybriden' (Kühne 2012; Kühne et al. 2017; Weber 2017) gesprochen. Neben gewissen recht verankerten Zuschreibungen ist der Bedeutungsinhalt von ‚Landschaft' damit durchaus ‚im Fluss'. Wie nun aber auf ‚Landschaft' geschaut wird, hängt sehr stark von der eingenommenen wissenschaftlichen Grundperspektive ab, woraus sich auch die zwischenzeitliche Tabuisierung der ‚Landschaftsforschung' innerhalb der deutschsprachigen Human-/Anthropogeographie erklären lässt.

2.2 Vom Zentrum ins Abseits: Zur Tabuisierung der Landschaftsgeographie als essentialistische Forschung und positivistische Raumanalysen als Substituenten

Der Begriff ‚Landschaft' wies – zurückreichend in die Anfänge der Disziplin im 18. Jahrhundert – eine nahezu konstitutive Bedeutung für das wissenschaftliche Selbstverständnis der Geographie auf (vgl. Schenk 2013). Noch Mitte der 1960er Jahre konnte Schmithüsen (1973, S. 158) feststellen: „Für den Geographen ist es [Landschaft] ein wissenschaftlicher Grundbegriff von einem ähnlichen Rang wie Gestein für den Petrografen, Lebensgemeinschaft für den Biologen oder Epoche für den Historiker". Dieser zentralen Bedeutungszuschreibung des geographischen Verständnisses von ‚Landschaft' folgend, galt sie als einheitsstiftendes Zentrum eines sich in zahlreichen Bindestrich-Geographien (z. B. Wirtschafts-, Sozial- oder Klimageographie) differenzierenden Faches (Paffen 1973a). Der traditionelle geographische Landschaftsbegriff wurzelte dabei in zwei Denktraditionen: „(1.) die aus ‚naiver' Weltsicht und ‚landschaftlichem Auge' kombinierte ‚physiognomische' Tradition des vielseitig interessierten Reisenden und (2.) die ‚regionalistische' Tradition des ‚Denkens in Erdräumen' und Erdraumgliederungen" (Hard 1977, S. 15). In der ersten Hälfte des 20. Jahrhunderts verschob sich dabei die Gewichtung zwischen den beiden Perspektiven: Es gewann der regionalistische Ansatz an Bedeutung, ohne jedoch den physiognomischen „gänzlich zu eliminieren" (Schenk 2011, S. 13). Beiden ‚klassischen' Ansätzen gelang es jedoch nicht – trotz durchaus vorhandener Bemühungen um die Entwicklung wissenschaftlich-messbarer Analysezugänge – essentialistische Deutungen und Begründungsmuster zu ersetzen. Essentialistische Ansätze (lat. *‚essentia'* = Wesen) gehen vereinfacht davon aus, ‚Landschaft' sei ein „betrachterunabhängiger physischer Gegenstand" (Kühne 2013b, S. 13) und eine ‚Ganzheit' im Sinne eines ‚selbstständigen Eigenwesens'. Diese Ganzheit sei „nicht im Erlebnis des Betrachters" (Lautensach 1973, S. 24) zu finden, sondern müsse „im Objekt selbst gesucht und begründet werden" (Lautensach 1973, S. 24). Der Essentialismus geht entsprechend von der „Annahme der Existenz wesentlicher, also essentieller und zufälliger, akzidentieller Eigenschaften von Dingen" (Albert 2005, S. 44) aus. Essentielle Teile von ‚Landschaft' seien durch eine Jahrhunderte lange wechselseitige Formung von regionaler Kultur und Natur entstanden, akzidentielle Teile im Wesentlichen durch Industrialisierung und Globalisierung hinzugefügt, woraus sich normativ die Ablehnung der akzidentiellen Teile ableitet (vgl. Chilla et al. 2015, 2016; Eisel 2009; Kühne 2018b). Gerade schnelle Veränderungen wurden als Gefahr für das ‚Gleichgewicht' von ‚Landschaft' angesehen: „Erfolgt die Wandlung schnell, so wirkt sie zunächst disharmonisch, da das Gleichgewicht für längere Zeit gestört ist" (Lautensach 1973, S. 26–27). Das Festhalten an essentialisierenden ‚Landschaftsdeutungen' zeigt sich beispielsweise bei Paffen (1973a, S. 76) deutlich, wenn er „[d]ie geographische Landschaft [...] [als] eine vierdimensionale (raumzeitliche) dynamische Raumeinheit" definiert, die nicht allein durch physikalisch-chemische Kausalitäten, sondern auch durch „vitale[-] Gesetzmäßigkeiten oder auch geistige[-] Eigengesetzlichkeiten" geprägt sei. Die räumliche Perspektive wurde auf das Lokale bis Regionale beschränkt, die so überregionale Einflüsse ablehnte oder zumindest ausblendete. Hieraus ergab sich die Vorstellung einer „Welt als einem wohlgeordneten Mosaik von räumlich segmentierten natürlichen und gesellschaftlichen Einheiten" (Blotevogel 1996, S. 13).

Ansetzend an solcherlei Essentialismen wurde ‚klassische geographische Landschaftsforschung' im Kontext des Kieler Geographentages im Jahr 1969 sowohl als empirisch nicht belegbar als auch methodologisch kaum begründbar kritisiert. Der essentialistische Kern wurde als unschwer ideologisierbar zurückgewiesen, die Anknüpfungsversuche an wissenschaftlich-empirische Perspektiven wurden als von einem „allzu schlichten Realismus" (Kaufmann 2005, S. 102) geprägt zurückgewiesen. An die Stelle der ‚Landschaftsforschung' rückten positivistisch ausgerichtete ‚Raumanalysen'. Im Gegensatz zum Essentialismus sind positivistische Ansätze nicht bemüht, einen „Wert verleihenden Sinn hinter oder über den Dingen zu finden" (Trepl 2012, S. 56), vielmehr wird Raum als Gegenstand begriffen, der durch das Zählen, Messen und Wiegen von Einzelphänomenen empirisch erschlossen und die „‚gesammelten' Beobachtungen durch den Verstand induktiv" (Eisel 2009, S. 18) generalisiert werden können – ein Verständnis, das insbesondere in der naturwissenschaftlichen Denktradition weit verbreitet ist. Statt einer Erfassung von Ganzheiten oder Wesenhaftigkeiten von ‚Landschaften' wird ‚Raum' als beobacht-, mess- und zählbar – und damit analysierbar – betrachtet und in den Fokus der Annäherung gerückt (Egner 2010, S. 98;

Thiem und Weber 2011, S. 173; Trepl 2012, S. 56; Wardenga 2002, S. 9). Infolge der Ereignisse des Kieler Geographentages – so stellt Winfried Schenk (2005, S. 17) fest – wurde es innerhalb des „Mainstreams in der Anthropogeographie [...] wenig karrierefördernd [...], von Landschaft zu sprechen" (aufgegriffen u. a. in Weber 2015b, S. 39). ‚Landschaft' wurde zum ‚verminten Terrain' (Kühne und Franke 2010, S. 10) und zum ‚Tabu' (Hard 2002, S. 173) innerhalb der Human-/Anthropogeographie.

2.3 ‚Landschaft' jenseits der Geographie

Der Wandlungsprozess von ‚Landschaft' zum ‚ungeliebten Kind' der Human-/Anthropogeographie breitete sich allerdings nicht auf Nachbardisziplinen aus. Innerhalb der Raumplanung und damit verbunden in der Landschaftsarchitektur und Landschaftsplanung wurde und wird der Terminus ‚Landschaft' recht unproblematisch genutzt und fortgeführt. Hier dominierten und dominieren allerdings positivistische Zugänge, die in der Geographie stark an die Kategorie Raum, wie hergeleitet, gekoppelt wurden (Kühne 2006b, S. 146). ‚Landschaft' lässt sich in dieser Lesart als ‚Raumcontainer' und damit als „reale Wirklichkeit" (Schultze 1973, S. 203) deuten, der mit unterschiedlichen Elementen ‚angefüllt' ist, die sich verorten lassen beziehungsweise eine raumbezogene Relationierung erfahren können (Gailing und Leibenath 2012, S. 97; auch Kühne 2006b). Entsprechend lassen sich ‚Landschaften' untereinander abgrenzen, indem Abstraktionen und Typisierungen vorgenommen (Kühne 2014c, S. 71) und „Gesetzmäßigkeiten der räumlichen Organisation" ermittelt werden (Glasze und Mattissek 2009b, S. 40). Differenzierungen kamen und kommen im Zuge von ‚naturräumlichen Gliederungen' (Meynen und Schmithüsen 1953–1962) oder anhand von ‚Landschaftshaushalt, Landschaftsstruktur, -bild, -geschichte' und sozio-ökonomischen Aspekten (Buchwald 1978, S. 3) zum Tragen.

Einen Bereich, in dem bis heute positivistische Zugänge, durchaus auch essentialistisch ‚angehaucht', eine zentrale Rolle einnehmen, stellen so genannte ‚Landschafts(bild)bewertungsverfahren' dar, wobei eine sehr hohe Methodenvielfalt mit differenzierten Ansatzpunkten und Implikationen zu unterscheiden ist (Roth 2012; Roth und Bruns 2016; Stemmer 2016, S. 105–143; Weber et al. 1999). Solche Bewertungsverfahren verfolgen das Ziel, ‚Landschaft' zu „einem (vordergründig) objektivierten – und politisch operationalisierbaren – Zahlenwert" zu vereinfachen (Kühne 2013b, S. 240), mitunter durch die Ausrichtung auf die „Ausstattung des Raums" (Stemmer 2016, S. 137) durch Messen und Zählen von ‚Landschaftselementen' und deren raumbezogener Anordnung, wie

Biotoptypen (beispielhaft erläuternd hierzu auch Kühne und Weber 2017b), oder einer „quantifizierenden Erfassung von Landschaftspräferenzen von Menschen" (Kühne et al. 2017, S. 2–3). „[L]andschaftliche[-] Bildqualitäten" (Loidl 1981, S. 14–17) sollen mithilfe der Quantifizierung eine Objektivierung erfahren und planungsbezogen erfassbar werden (Werbeck und Wöbse 1980, S. 140). Hier fließen nun allerdings auch normative, also wertende, Urteile wie „Beeinträchtigungen des Landschaftsbildes" (Weber et al. 1999, S. 352) ein (beispielhaft Konermann 2001), die sich teilweise schnell essentialistischen Grundpositionen zuordnen lassen. ‚Landschaft' wird in einem positivistischen Forschungszugang entsprechend zum ‚mess- und bewertbaren Gegenstand'.

3 Perspektiven einer ‚neuen Landschaftsgeographie'

Konstruktivistische Perspektiven nehmen eine deutlich andere Grundausrichtung vor als essentialistische und positivistische Zugänge, wie nun zur Beleuchtung der ‚neuen Landschaftsgeographie' gezeigt wird. Zunächst wird kurz erläutert, wie ‚Landschaft' den Weg zurück in die Human-/Anthropogeographie finden konnte und weitergehend kann. Danach werden sozialkonstruktivistische, diskurstheoretische und radikalkonstruktivistische Ansätze der Landschaftsforschung dargestellt und beispielhaft veranschaulicht, um so deren veränderte Blickwinkel und Potenziale aufzuzeigen.

3.1 Die Rückkehr von ‚Landschaft' in die Geographie

Landschaftsforschung im deutschsprachigen Raum ist durch eine große Pluralität von wissenschaftstheoretischen Grundperspektiven geprägt, auch wenn diese häufig nicht offengelegt, geschweige denn reflektiert werden. Derzeit lässt sich eine Reihe von unterschiedlichen Ansätzen finden: Einige knüpfen an die skizzierten essentialistischen und positivistischen Denktraditionen an, wieder andere nähern sich auf Grundlage unterschiedlicher konstruktivistischer Perspektiven, wobei sich bei den unterschiedlichen Herangehensweisen teilweise auch gewisse Überschneidungen ergeben. Konstruktivistische Zugänge erfreuen sich, ausgehend vom angloamerikanischen Sprachraum (Cosgrove 1985; Duncan 1995), seit den 2000er Jahren in Deutschland wachsender Beliebtheit und Beachtung, die von uns als Zugänge einer ‚neuen Landschaftsgeographie' eingeordnet werden. Sie können durchaus als ein

O. Kühne et al., *Neue Landschaftsgeographie,* essentials,
https://doi.org/10.1007/978-3-658-20840-0_3

‚Gegenentwurf' zu ‚radikal' ausgerichteten essentialistischen und positivistischen Zugängen gedeutet werden (Burr 1998, 2005; Stemmer 2016, S. 74; Wardenga 2002, S. 10–11). Konstruktivistischen Zugängen ist gemein, dass ‚Landschaft' nicht als Realobjekt verstanden und entsprechend nicht nach der ‚Landschaft als Objekt' geforscht wird. Vielmehr wird sie, wie es Cosgrove (1984, S. 13) ausdrückt, als „a way of seeing" interpretiert. Damit wird generell darauf fokussiert, *wie* Menschen *in welchem Kontext auf welcher Grundlage* von ‚Landschaft' sprechen und mit welchen Bedeutungen und Interpretationen sie sie versehen. Die unterschiedlichen konstruktivistischen Ansätze stimmen entsprechend darin überein, dass ‚Landschaft' kein physischer Gegenstand, schon gar nicht mit einem eigenen ‚Wesen', sondern eine Konstruktion ist (dazu schematisch Tab. 3.1).

‚Konstruktion' bezeichnet „keine intentionale Handlung, sondern einen kulturell vermittelten vorbewussten Vorgang" (Kloock und Spahr 2007, S. 56). Jeder Wahrnehmung liegen also Abstraktionen zugrunde, ein Vorwissen über die Welt (wie z. B. über ‚Landschaft'), woraus sich die Konsequenz ergibt, dass es „nirgends so etwas wie reine und einfache Tatsachen" (Schütz 1971, S. 5) gibt. Was uns als ‚Tatsache' erscheint, ist bereits Ergebnis eines (zumeist unbewussten) Interpretationsprozesses, nicht dessen Anfang. Wahrnehmung ist somit ein Resultat „eines sehr komplizierten Interpretationsprozesses, in welchem gegenwärtige Wahrnehmungen mit früheren Wahrnehmungen" (Schütz 1971, S. 123–124) in Beziehung gesetzt werden. Konstruktion bedeutet aber auch, dass wir durch diese Interpretationen unentrinnbar in soziale Zusammenhänge eingeprägt sind, denn die von uns genutzten konzeptionellen Rahmungen und Kategorien waren in unserer Gesellschaft bereits vor unserer Geburt existent (Burr 2005) und werden im Prozess der Sozialisation dem Einzelnen vermittelt: „Diese kulturelle Vermittlung ist in der Regel eine Anleitung zur Selektion, also zur Ausfilterung von Eindrücken" (Burckhardt 2006b, S. 257). Es wird in der ‚landschaftsbezogenen Sozialisation' vermittelt, was gesellschaftlich gemeinhin unter ‚Landschaft' verstanden wird und wie die Zusammenschau von Objekten symbolisch besetzt und bewertet werden kann. Das individuelle Landschaftsverständnis ist dabei nicht etwa ab dem Erwachsenenalter vollkommen stabil, sondern unterliegt durch das Erleben neuer, als ‚Landschaften' gedeuteter physischer Räume, der Konfrontation mit Veränderungen der physischen Grundlagen von ‚Landschaft', der Erfahrung neuer Landschaftsdeutungsmuster etc. Veränderungen (Kühne 2006a).

Tab. 3.1 Überblick über paradigmatische wissenschaftliche Grundperspektiven und Konsequenzen für die Ausrichtung auf ‚Landschaft'

	Essentialismus	Positivismus	Konstruktivismus
Wortherkunft	Lat. *essentia* (Wesen)	Lat. *positivus* (gesetzt, gegeben)	Lat. *construere* (zusammensetzen, zusammenfügen, aufschichten)
Landschaftsverständnis	‚Landschaft' als eine ‚Ganzheit' im Sinne eines ‚selbstständigen Eigenwesens'	‚Landschaft' als Realobjekt, das durch das Zählen, Messen und Wiegen von Einzelphänomenen empirisch erschlossen und generalisiert werden kann	‚Landschaft' *nicht* als physischer Gegenstand, sondern als eine soziale bzw. individuelle Konstruktion
	→ *Von den Beobachter*innen unabhängig*	→ *Von den Beobachter*innen unabhängig*	→ *Von den Beobachter*innen abhängig*
Selbstverständnis der Landschaftswissenschaftler*innen	‚Landschaft' nur von verständigen Personen erfassbar	‚Landschaft' von in Empirie geschulten Personen erfassbar	‚Landschaften' als soziale Konstrukte multiperspektivisch im Fokus
Fokus	Ergründung wesentlicher Eigenschaften (‚Wesenskern') von ‚Landschaft' im Objekt selbst	Objektive Beschreibung von ‚Landschaft' mittels empirischer Methoden	‚Landschaft' als Ergebnis sozialer Aushandlungsprozesse
Ziele	Normative Aussagen über Landschaft treffen	Möglichst genaues Abbild von Landschaft rekonstruieren	Prozesse der Konstruktion von Landschaft erforschen
Beispielhafte Veröffentlichungen	Lautensach (1973) Nohl (2001) Paffen (1973b) Wöbse (2002)	Bastian und Schreiber (1999) Kühnau et al. (2013) Rathfelder und Megerle (2017) Roth (2012)	Aschenbrand (2017) Cosgrove (1984) Greider und Garkovich (1994) Kühne (2006a, 2008b, 2018b) Leibenath; Leibenath und Otto (2014; 2013) Weber (2018, im Erscheinen)

Quelle: Eigene Darstellung in Anlehnung an Chilla et al. (2016, S. 30)

Grundlegend können auch gesellschaftliche Landschaftsdeutungen unterschiedlich ausfallen. Diese Variabilität bezieht sich

1. auf unterschiedliche kulturelle Hintergründe – so unterscheiden sich Landschaftsverständnisse in unterschiedlichen Sprachräumen deutlich (Bruns 2013; Bruns und Kühne 2015; Bruns und Paech 2015; Kühne 2013b),
2. auf unterschiedliche sozio-demographische Variablen (wie etwa Geschlecht oder Alter, dazu Kühne 2006a, 2018a) und
3. unterschiedliche Grade eines beruflichen Landschaftsbezugs (Bruns und Kühne 2013; Burckhardt 2004, 2006b, 2013; Kühne 2008a, b).

Die Erforschung dieser Abhängigkeitsbeziehungen lässt sich als ein Schwerpunkt einer sozialkonstruktivistisch orientierten ‚neuen Landschaftsgeographie‘ verstehen. ‚Wer konstruiert Landschaft in welchem räumlichen und sozialen Kontext in welcher Weise?‘ kann als Leitfrage dieser Perspektive beschrieben werden. Entsprechend wird gegenüber den Herangehensweisen einer ‚klassischen Landschaftsgeographie‘ und damit essentialistischen und positivistischen Zugängen (Abschn. 2.2 und 2.3) eine ‚relative Position‘ eingenommen (Mattissek et al. 2013): Konstruktivistische Forscher*innen gehen nicht davon aus, dass sie ‚gesellschaftliche Wirklichkeiten‘ objektiv beschreiben und so ‚wahre Erkenntnisse‘ produzieren können. Vielmehr sind sie Teil der sie umgebenden Welt, womit sie spezifische Ausschnitte und Blickrichtungen erfassen und darstellen. Unterschiedliche Deutungsmuster zu ‚Landschaft‘, gleichzeitig besonders machtvoll verankerte, weitreichend geteilte Bedeutungszuschreibungen werden analysiert – und dies eher qualitativ ansetzend, wenn auch quantitative Erhebungsversuche unternommen werden. In der Rückschau wird damit die Fokusverschiebung besonders deutlich: Vom Versuch, das ‚Wesen der Landschaft‘ zu erfassen oder ‚Landschaftsräume‘ ‚objektivierend‘ voneinander abzugrenzen, wird der Blick auf soziale ‚Landschaftskonstruktionsprozesse‘ gerichtet (dazu Abb. 3.1). Auf diese Weise wird ‚Landschaft‘ auch erneut an aktuelle Zugänge innerhalb der Human-/Anthropogeographie anschlussfähig.

In den letzten Jahrzehnten und Jahren haben sich im Wesentlichen drei unterschiedliche konstruktivistische Annäherungen an ‚Landschaft‘ herausgebildet, die für sich genommen jeweils auf Grundlagen unterschiedlicher wissenschaftlicher Disziplinen zurückgreifen und sich dementsprechend auch in Bezug auf Landschaftsverständnisse, thematische Schwerpunkte, zentrale Forschungsfragen und methodische Herangehensweisen in Teilen deutlich unterscheiden (im einführenden Überblick Abb. 3.2). Diese werden nun in Bezug auf die genannten Aspekte weiter ausdifferenziert.

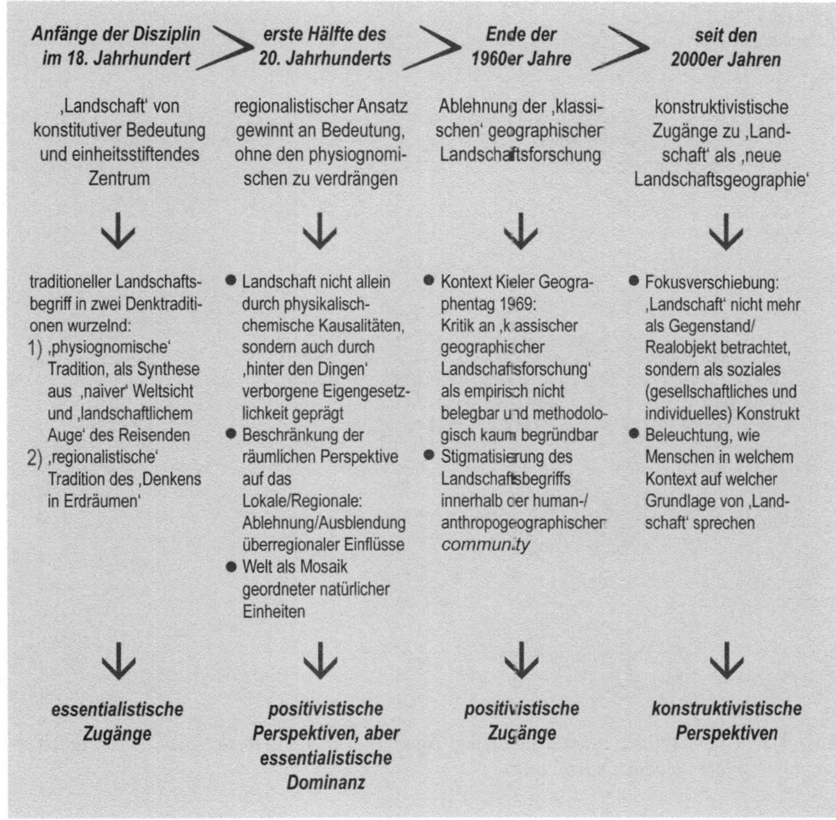

Abb. 3.1 Landschaftsforschung und ihre zentralen Entwicklungslinien innerhalb der Human-/Anthropogeographie. (Quelle: Eigene Darstellung)

3.2 Sozialkonstruktivistische Landschaftsforschung

Die *sozialkonstruktivistische Landschaftsforschung* geht in Rückgriff unter anderem auf Berger und Luckmann (1966) und Schütz (1960) davon aus, dass Wissen über ‚die Welt' nicht objektiv sein kann und es keine ‚natürliche' Ordnung oder Basis gibt. Wissen ist hiernach letztlich an Wahrnehmungen geknüpft, wobei die Zusammenschau von Sinneseindrücken das Ergebnis „eines sehr komplizierten Interpretationsprozesses, in welchem gegenwärtige Wahrnehmungen mit früheren

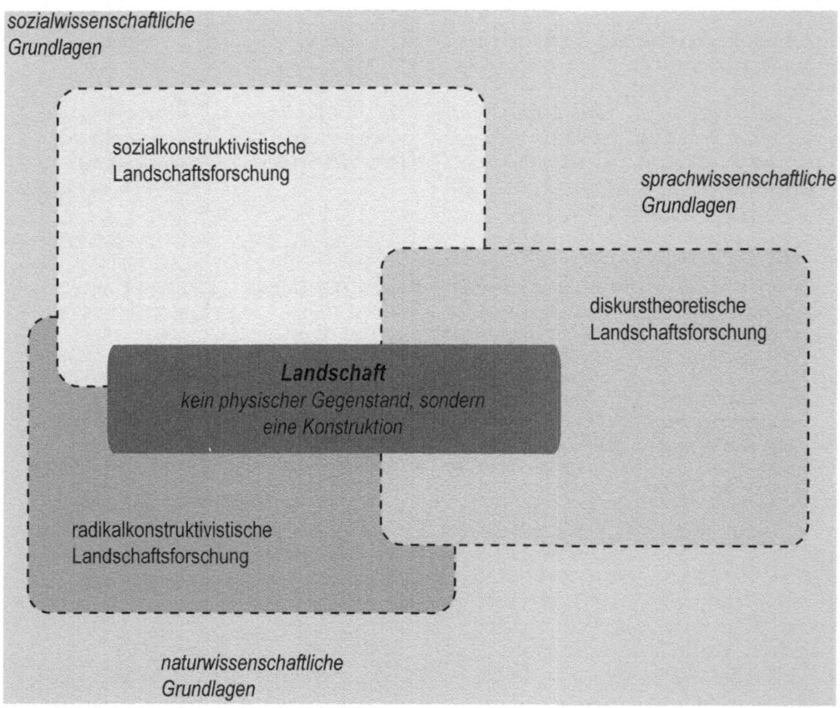

Abb. 3.2 Übersicht der unterschiedlichen Spielarten konstruktivistischer Landschaftsforschung. (Quelle: Eigene Darstellung)

Wahrnehmungen" (Schütz 1971, S. 123–124) in Beziehung gesetzt werden, ist. ‚Soziale Wirklichkeiten' entstehen damit aus sozial vermitteltem Vorwissen, womit gleichzeitig unterschiedliche mögliche ‚Wirklichkeitsdeutungen' einhergehen.

‚Landschaftsforschung' ist vor diesem Hintergrund auf die Meta-Ebene gerichtet: „[S]ie untersucht und erklärt, was Menschen meinen, wenn sie ‚Landschaft' sagen" (Haber 2001, S. 20). Nicht, was Landschaft *sei,* sondern wie das *Konstrukt* ‚Landschaft' *hergestellt* und mit Bedeutungen versehen wird, rückt in den Fokus (Kühne 2013b, S. 34–35), also

- auf welche Weise unterschiedliche Zuschreibungen und Zusammenschauen konstruiert werden (*Wann* wird ‚Landschaft' *wie* und *wo in welchem Kontext* zum Thema gemacht?),

- welche (ungleich verteilten) Wissensbestände diesen Prozessen zugrunde liegen (*Wer* entscheidet, *was, wie* und *wo* als [erhaltenswerte] ‚Landschaft' definiert wird?) und
- welche Aspekte von Zuschreibungen und Zusammenschauen ausgeschlossen werden (*Was* und *warum* wird etwas nicht als ‚Landschaft' konstruiert?) (Kühne 2013a, S. 181–182).

Damit richten sich Kernfragen sozialkonstruktivistischer Landschaftsforschung auf ‚Landschaftskonstruktionsprozesse' und spezifische, an Bedeutung gewinnende Zuschreibungen (vgl. hierzu Aschenbrand 2017; Fontaine 2017a; Kühne 2011, 2018b; Stemmer 2016; Stotten 2015; Weber et al. 2017; Weber 2018, im Erscheinen) (im Überblick Kasten 3.1, Sozialkonstruktivistische Landschaftsforschung auf einen Blick). Um eine gezielte Analyse der unterschiedlichen Ebenen der sozialen Konstruktion von ‚Landschaft' durchführen zu können, kann auf das Konzept der vierdimensionalen ‚Landschaft' nach Kühne (2006a, 2008b, 2012, 2018b) zurückgegriffen werden:

- Der *externe Raum* rekurriert als physisches Ausgangssubstrat auf eine externe Welt der Objekte, die mit der Weiterentwicklung von Kommunikationsmedien auch auf ‚virtuelle Räume' erweitert werden kann. Er stellt die Grundlage dar, auf deren Basis ‚Landschaften' konstruiert werden.
- Die *angeeignete physische Landschaft* bezieht sich auf jene physischen Objekte, die auf der Basis gesellschaftlicher Deutungen und Zuschreibungen in der Zusammenschau ‚Landschaft' genannt werden. Sie bildet also eine „Zusammenschau von jenen Objekten externer Räume [-], die für die Konstruktion von Landschaft herangezogen" (Kühne 2013b, S. 69 in Anlehnung an Bourdieu 1991) und mit Bedeutung versehen – und in diesem Sinne ‚angeeignet' – werden.
- Die *gesellschaftliche Landschaft* umfasst, was gesellschaftlich unter ‚Landschaft' zu verstehen ist und was mit ihr konnotiert werden kann. In ihr vollzieht sich die Erzeugung, Aushandlung und Sozialisation von Deutungen und symbolischen Zuschreibungen, wodurch sie eine soziale Grundlage für Landschaftskonstruktionen bildet und somit Teil von gesellschaftlichen Wissensvorräten wird.
- Die *individuell aktualisierte gesellschaftliche Landschaft* adressiert die individuellen Konstruktionen und Deutungsmuster von ‚Landschaft', die in einem rekursiven Kontext der Entstehung, Vermittlung und Entwicklung gebildet werden. Damit nimmt sie eine komplementäre Stellung zur gesellschaftlichen Landschaft ein.

Ein Beispiel sozialkonstruktivistischer Landschaftsforschung stellt eine Trendstudie (2004 und 2016) zur Veränderlichkeit landschaftlicher Konstruktionen, Deutungen und Zuschreibungen dar (Kühne 2006a, 2018a): Empirische Grundlage der Studie bildet eine Methodenkombination aus einem quantitativen Teil auf Basis eines standardisierten Fragebogens, der jeweils an 3000 zufällig ausgewählte saarländische Haushalte verschickt wurde, und einem zweiten, auf leitfadengestützten Interviews basierenden qualitativen Part. Ziel der Studie war es, subjektive Elemente (,individuell aktualisierte gesellschaftliche Landschaft'), wie etwa Werte, Wahrnehmungen oder Deutungen zu erfassen und so die Variabilität ,gesellschaftlicher Landschaft' zu untersuchen. So unterliegt etwa die Deutung ,heimatlicher Normallandschaft' (die durch eine individuelle Bezugnahme zu physischen Objekten in Kindheit und Jugend entsteht) einer deutlich höheren Variabilität als ,stereotype Landschaft' (die als Ergebnis der Internalisierung gesellschaftlich weitgehend geteilter landschaftlicher Deutungs- und Bewertungsmuster zu verstehen ist; genauer hierzu Kühne 2008a, 2017). Auch zeigt sich, dass ,heimatliche Landschaft' gegenüber ,stereotyper Landschaft' einen Bedeutungszuwachs verzeichnen kann und persönliche Bezugnahmen zum ,Vertrauten' erstarken. Die Ergebnisse verweisen im Untersuchungszeitraum insgesamt auf die hohe soziale Variabilität von Konstruktion und Deutung von ,Landschaft'.

Kasten 3.1: Sozialkonstruktivistische Landschaftsforschung auf einen Blick

- **Grundlagen**
  - Wirklichkeit als gesellschaftlich konstruiert (Berger und Luckmann 1966)
  - Phänomenologische Soziologie (Schütz 1960)
  - Symbolischer Interaktionismus (Blumer 1969; Mead 1975)
- **Landschaftsverständnis**
  - ,Landschaft' als individuelle Konstruktion, die durch soziale Konventionen gesteuert wird
  - gewisse Vorstellungen finden gesellschaftliche Verankerung und Verfestigung in Form ,heimatlicher Normallandschaften' und ,stereotyper Landschaften'
- **Schwerpunkte der Forschungsperspektive**
  - Analyse der sozialen Konstruktion von ,Landschaft'
  - Untersuchung gesellschaftlicher und individueller Prozesse der Konstruktion, Deutung und Zuschreibungen von ,Landschaft'

- **Zentrale Fragen**
  - Wie wird ‚Landschaft' konstruiert?
  - Wie vollzieht sich die Sozialisation von ‚Landschaft'?
  - Wie werden gesellschaftliche Stereotype von ‚Landschaft' gebildet?
  - Wie erlangen gesellschaftliche Verständnisse von ‚Landschaft' Verbindlichkeit?
  - Wie schreiben sich gesellschaftliche Normen von ‚Landschaft' in physische Räume ein?

- **Methoden**
  - sowohl quantitative (standardisierte Befragungen) wie qualitative Methoden (Leitfaden-gestützte Interviews, biographische Methode, Photo-Voice)
  - häufig in Triangulation

- **Weiterführende Literatur**
  - Kühne (2018b): ein ausführlicher Überblick zu ‚Landschaft' aus unterschiedlichen wissenschaftlichen Perspektiven mit einer umfänglichen Erläuterung sozialkonstruktivistischer Landschaftsforschung
  - Kühne (2006a) und Kühne (2018a): Landschaftswandel am Beispiel des Saarlandes – als Trendstudie
  - Fontaine (2017b): Sozialkonstruktivistischer ‚Landschafts'-Zugang im Hinblick auf postmoderne Veränderungen unter anderem am Beispiel von Disneyland und virtuellen Welten
  - Schönwald (2017): Eine Analyse ‚hybrider Landschaften' am Beispiel des Chicano Parks in San Diego, des Jakobswegs und des ‚Urwalds' vor den Toren der Stadt Saarbrücken

Quelle: Eigene Zusammenstellung.

In ‚Reinform' kann sozialkonstruktivistische Landschaftsforschung gerade in wissenschaftlichen Analysen zu einem Erkenntnisgewinn jenseits ‚traditioneller' Zugänge beitragen. Innerhalb der Praxis sind häufig wiederum Zugänge zu finden, die sich vom Objekt ‚Landschaft' nicht gänzlich entfernen und dort anschlussfähiger erscheinen, siehe hierzu den Exkurs zum gemäßigten Sozialkonstruktivismus (Kasten 3.2, Exkurs zum gemäßigten Sozialkonstruktivismus).

Kasten 3.2: Exkurs zum gemäßigten Sozialkonstruktivismus

Der gemäßigte Sozialkonstruktivismus bezeichnet eine Perspektive, die als Sonderform eine Zwischenstellung zwischen einem positivistischen und einem sozialkonstruktivistischen Landschaftsverständnis einnimmt: Hier wird zwar ‚Landschaft' durchaus als Konstruktion aufgefasst, aber auch als Gegenstand, der eine Art ‚Referenzebene' für Wahrnehmungen und Konstruktionen derselben darstellt (unter vielen Corner 1999, 2002; Felber Rufer 2006; Ipsen 2006; Körner und Eisel 2006; Vicenzotti 2011). Dementsprechend wird ein Dualismus erzeugt, der einerseits von einer ‚Landschaft' im Sinne eines relationalen Containerraumes als physisches Realobjekt ausgeht, in dem andererseits ‚Landschaft' aber auch als Konstrukt im Sinne eines sozialen Handlungsraumes und als Trägerin von Wahrnehmungen/(Be)Deutungen wirksam wird (Kühne 2018b). Aufgrund der Annahme von ‚Landschaft' als ein durch (logische) Strukturen geprägtes Realobjekt lassen sich sowohl positivistische als auch essentialistische Auffassungen anschließen und verstetigen, womit sich hier die Gefahr ergibt, in tradierte ‚traditionelle' Deutungsmuster zu verfallen und nach der ‚wahren Landschaft' zu suchen. Doch trotz (oder möglicherweise gerade wegen) jener gewissen theoretischen ‚Unreinheit' hat sich dieser Ansatz in der planerischen Anwendung als sehr anschlussfähig erwiesen (Kühne 2018a): Denn gerade im Kontext der Landschaftspraxis wird ‚Landschaft' sowohl als Objekt als auch als Konstrukt relevant, indem das Individuum ausgewählte physische Objekte im Prozess der sozialen Konstruktion von ‚Landschaft' herausgreift und auf Grundlage sozialer Deutungs- und Bewertungsmuster zusammenschaut, interpretiert und ihnen zentrale Bedeutung(en) zuschreibt. Aber auch das Eingreifen in die Struktur des physischen Raumes durch den Menschen respektive die Gesellschaft auf Grundlage sozialer Werte und Normen zieht eine Veränderung der physischen Ausgangssubstrate nach sich, die wiederum für die Konstruktion von ‚Landschaft' wirksam wird, sodass im Kontext gemäßigter sozialkonstruktivistischer Landschaftsforschung ‚Landschaft' im Schnittbereich von physischen Objekten, Individuum und Gesellschaft angesiedelt werden kann. So betrachtet lässt sie sich als eine Verzahnung sozialer (individuell wie gesellschaftlich) und physischer Elemente beschreiben, welchen gesellschaftliche Interpretationen und Be-/Verurteilungen eingeschrieben wurden (vgl. dazu auch Olwig 2007, 2009). Dabei ist für die gemäßigte sozialkonstruktivistische Landschaftsforschung nicht allein von Bedeutung, wie die verschiedenen Dimensionen von ‚Landschaft' konstituiert sind und welche

Elemente sie umfassen. Auch die Frage danach, wie sie aufeinander bezogen sind und welche reziproken Einflüsse bestehen, sind feste Bestandteile gemäßigter sozialkonstruktivistischer Landschaftsforschung (siehe eingehender dazu Kühne 2018b, S. 55–69).

3.3 Diskurstheoretische Landschaftsforschung

Eine ‚Spielart' des Konstruktivismus, die innerhalb der Landschaftsforschung erst seit etwa den 2010er Jahren an Bedeutung gewinnt, stellen *diskurstheoretische Zugänge* dar, wobei diese keineswegs homogen ausfallen. So lassen sich – je nach Differenzierung – unter anderem interpretative, strukturalistische und poststrukturalistische Diskurstheorien unterscheiden (dazu Angermüller 2014; Mattissek und Reuber 2004). Insbesondere letztere betonen die durchgehend gegebene potenzielle Wandelbarkeit ‚gesellschaftlicher Wirklichkeiten' bei gleichzeitig temporär stark wirkmächtigen Bedeutungsfixierungen. Es sind hierbei vor allem Arbeiten in Anschluss an die Diskurstheorie der beiden Politikwissenschaftler Ernesto Laclau und Chantal Mouffe (Laclau 2002 [engl. Original 1996], 2007; Laclau und Mouffe 2015 [engl. Orig. 1985]), die eine ‚neue Landschaftsgeographie' konturieren.

Ein explizit anti-essentialistischer Ansatz, der „die bloße Vorstellung eines ‚richtigen Bewusstseins' ablehnt" (Mouffe 2014, S. 143), wird theorieleitend, wobei versucht werden soll, mit „allen Formen des Essentialismus" zu brechen (Laclau und Mouffe 2015 [engl. Orig. 1985], S. 25). Auf eine grundlegende Basis, ob nun ‚Gott' oder die ‚Ökonomie' wird dezidiert verzichtet. Der Diskursbegriff ergibt sich entsprechend als Versuch temporärer Bedeutungsfixierung: Regelmäßig werden spezifische Deutungsmuster zu etablieren gesucht, die aber immer wieder auch durch andere verdrängt werden können. Hierin zeigt sich auch der grundlegend sprachwissenschaftlich ausgerichtete Ansatz, der Sprache eine zentrale Bedeutung bei der Herstellung ‚sozialer Wirklichkeiten' beimisst (hierzu Glasze und Mattissek 2009a). In Diskursen wird Bedeutung immer wieder neu ausgehandelt und hergestellt (Torfing 1999, S. 40) und auf diese Weise *vorübergehend* mit spezifischen Deutungen versehen (Laclau 2007, S. 69; Laclau und Mouffe 2015 [engl. Orig. 1985], S. 125–129; Wenman 2013, S. 184). So genannte Knotenpunkte fungieren als ‚Anker', an die sich Momente von Diskursen in Äquivalenzketten anreihen und so zu einer Stabilisierung beitragen. Je stärker spezifische Deutungsmuster ‚ganz natürlich' erscheinen, um so machtvoller und damit hegemonialer werden Diskurse. Neben der ‚Absicherung' nach innen, erfolgt gleichzeitig eine Abgrenzung nach außen – eine Abgrenzung von dem, was der Diskurs *nicht* ist. Auch können Verschiebungen und entsprechend so bezeichnete Dislokationen aber immer wieder auftreten (Laclau 1993; Laclau und Mouffe 2015 [engl. Orig. 1985]; Weber 2015a). Als ein Beispiel kann der ‚Kernkraft'-Diskurs dienen: Während in den 1960er Jahren in Deutschland in hohem Maße Kernkraft als zukunftsweisend bewertet wurde, wird diese heute stark mit Risiken verknüpft – und dies noch einmal verstärkt seit der Reaktorkatastrophe von Fukushima im März 2011 (zum Fallbeispiel allgemein Bauer 1995; Gleitsmann 2011, S. 20). Temporär verankerte Bedeutungen brechen auf und verändern sich.

Eine diskurstheoretische Landschaftsforschung rückt vor diesem Hintergrund in den Fokus, welche Diskurse sich um ‚Landschaft' herausbilden, welche Deutungen von ‚Landschaft' in welchen Kontexten hegemonial verankert werden und welche alternativen Deutungsmuster zwischenzeitlich ausgeschlossen werden. Letztlich wird die Frage behandelt, wie Deutungshoheiten gebildet und verstetigt werden (z. B. bei Kühne und Weber 2015, 2016, 2017a; Leibenath und Otto 2012; Otto und Leibenath 2013; Weber 2013, 2015a, 2016a; Weber et al. 2016). Ausgehend von der Analyse regelmäßiger Verknüpfungen zu ‚Landschaft' werden sowohl aktuelle Hegemonien als auch Verschiebungen im Zeitverlauf analysierbar. In Adaption der Landschaftsebenen nach Kühne (2006a, 2008b, 2013b) lässt sich ‚Landschaft' mit sprachwissenschaftlich-diskurstheoretischer Fokussierung in drei zentrale Ebenen differenzieren:

- ‚Physischer/virtueller Raum': Belebte und unbelebte Objekte sowie Bestandteile imaginärer Welten, die erfasst und sprachlich benannt werden, bilden das ‚Ausgangssubstrat' für ‚Landschaftsdiskurse'. Anstatt der ‚Dinge an sich' geht es um sprachliche Konzepte als Grundlage für Landschaftsvorstellungen.
- ‚Sozial-diskursive Landschaften': Bestimmte Elemente des physischen/virtuellen Raumes, wie Bäume, Wiesen, Flüsse, Berge, werden regelmäßig – gesellschaftlich innerhalb der Sozialisation vermittelt – herangezogen, die gesellschaftlich geteilte Landschaftsvorstellungen bedingen. Neben Vorstellungen ‚schöner Landschaften', die im Alltag von vielen geteilt und so verankert werden, vollziehen sich gleichzeitig Differenzierungen unter anderem nach Herkunft, Bildung, Alter etc., aber auch zeitlich (in Anschluss an Kühne 2008b, 2017; Stakelbeck und Weber 2013, S. 238).
- ‚Diskursiv-subjektivierte Landschaften': Neben ‚sozial-diskursiven Landschaften' ergeben sich spezifische ‚Landschaften' auf der Ebene des Einzelnen. Der Einzelne greift auf gesellschaftlich verankerte Vorstellungen zurück, die aber durch unterschiedliche Deutungsangebote individuelle Anpassungen erfahren. Für die einen gehören so beispielsweise Windkraftanlagen zur ‚schönen Landschaft', für andere keineswegs.

In den letzten Jahren wurden aus diskurstheoretischer Perspektive unter anderem ‚Landschaften des Tourismus' (Aschenbrand 2017), ‚Almen-Landschaften' (Kühne et al. 2013; Stakelbeck und Weber 2013) und insbesondere ‚neue Energielandschaften' (u. a. Otto und Leibenath 2013; Roßmeier et al. 2018; Weber 2018, im Erscheinen; Weber und Kühne 2016) analysiert. In Bezug auf letztere stand und steht im Vordergrund, wie um Windkraft und neue Stromtrassen als Teil von Landschaftsvorstellungen gerungen wird. Ausgehend von sprachwissenschaftlich orientierten Methoden werden Regelmäßigkeiten herausgearbeitet, die Hinweise auf sich verfestigende und sich verschiebende Bedeutungszuschreibungen geben. Auf der einen Seite werden physische Manifestationen der Energiewende zunehmend zum Teil diskursiv-subjektivierter Landschaften, womit ein Übergang in sozial-diskursive Landschaftsvorstellungen in zunehmendem Maße denkbar erscheint. Auf der anderen Seite werden diese aber von Gegner*innen, gerade Bürgerinitiativen, stark als ‚landschaftszerstörend' und ‚landschaftsverschandelnd' bewertet, womit sie in dieser Lesart in das unerwünschte diskursive Außen eines ‚landschaftsbewahrenden' Diskurses rücken (Kasten 3.3, Poststrukturalistisch-diskurstheoretische Landschaftsforschung in Anschluss an Laclau und Mouffe auf einen Blick).

Kasten 3.3: Poststrukturalistisch-diskurstheoretische Landschaftsforschung in Anschluss an Laclau und Mouffe auf einen Blick

- **Grundlagen**
  - Strukturalismus und Poststrukturalismus, d. h. sprachwissenschaftlich orientierte Zugänge, die die Bedeutung von Sprache bei der Herstellung ‚sozialer Wirklichkeiten' betonen (Barthes 2007 [frz. Original 1970]; Derrida 1999 [frz. Original 1972]; Saussure 1997)
  - Überlegungen Michel Foucaults zu diskursiven Formationen und Machtaspekten (Foucault 1981 [frz. Original 1969], 2007 [frz. Original 1971])
  - Diskurstheorie in Anschluss an Ernesto Laclau und Chantal Mouffe (Laclau 2002 [engl. Original 1996], 2007; Laclau und Mouffe 2015 [engl. Orig. 1985])

- **Landschaftsverständnis**
  - ‚Landschaftsvorstellungen' als temporäre Fixierung spezifischer Bedeutungszuschreibungen
  - ‚Landschaft' kein physischer Gegenstand, sondern ein diskursiv verankertes, wandelbares Konstrukt

- **Schwerpunkte der Forschungsperspektive**
  - Analyse von Bedeutungsfixierungen und Bedeutungsverschiebungen
  - Fokus auf Machtprozesse um Interpretations- und Deutungshoheit um ‚Landschaft', Bezug zu materiellen Objekten schwindet

- **Zentrale Fragen**
  - Wie konstituieren sich Diskurse um ‚Landschaft'?
  - Welche Deutungen von ‚Landschaft' werden in spezifischen Diskursen hegemonial und welche alternativen Diskurse werden ausgeschlossen?
  - Welche Machtkämpfe vollziehen sich innerhalb der Aushandlungsprozesse?

- **Methoden**
  - quantitative Annäherung: lexikometrische Verfahren, Quantifizierung diskursiver Sprecherpositionen
  - qualitative Annäherung: codierende Verfahren wie die Analyse narrativer Muster, diskurstheoretische Bildanalysen
  - darüber hinaus adaptierte quantitativ und qualitativ ansetzende Methoden, die den Prämissen der Diskurstheorie Laclaus und Mouffes entsprechen

- **Weiterführende Literatur**
  - Glasze und Mattissek (2009c): allgemeiner Überblick über theoretische Zugänge sowie methodische Konzeptionalisierungen
  - Weber (2015a): Einführung und methodischer Überblick im Hinblick auf diskurstheoretische Landschaftsforschung
  - Leibenath (2014), Otto und Leibenath (2013), Kühne et al. (2013), Weber und Kühne (2016), sowie Weber (2018, im Erscheinen): Verdeutlichung der Perspektive anhand der Fallkontexte ‚Windenergielandschaften', ‚Almenlandschaften' und ‚Stromnetzlandschaften'

Quelle: Eigene Zusammenstellung.

3.4 Radikalkonstruktivistisch-systemtheoretische Forschungsperspektive

Die *radikalkonstruktivistisch-systemtheoretische Perspektive* greift auf die Systemtheorie von Niklas Luhmann (1984, 1986) zurück und ist darum bemüht, die Logiken einzelner gesellschaftlicher Teilsysteme in Bezug auf das Kommunikationsmedium ‚Landschaft' nachzuvollziehen. Während der Sozialkonstruktivismus kein dezidiert erkenntnistheoretisches Programm verfolgt – er will also nicht darlegen, in welcher Weise Erkenntnis möglich ist –, verfolgt der *Radikalkonstruktivismus* ein solches (Egner 2010; Miggelbrink 2002). Er geht auf naturwissenschaftliche Grundlagen zurück, aufgrund derer er die Unmöglichkeit feststellt, einen unmittelbaren Bezug des Bewusstseins zu seiner Umwelt herzustellen (Glasersfeld 1995; Maturana und Varela 1987). Das Bewusstsein ist gemäß dem radikalen Konstruktivismus eine selbstbezügliche und sich selbst herstellende Einheit. Eine objektive Erkenntnis über sich selbst oder die Welt ist daher aus Perspektive des Radikalkonstruktivismus ausgeschlossen (Kneer und Nassehi 1997). Mit Übertragung dieses Zugangs durch Niklas Luhmann in die Gesellschaftswissenschaften ging die Entwicklung der Vorstellung einher, die Gesellschaft gliedere sich in selbstbezüglich operierende Teilsysteme, die jeweils auf Grundlage einer eigenen Logik operierten. Die Beobachtung ihrer Umwelt erfolge dabei gemäß dieser Codes (Luhmann 1984, 1986).

Wesentlich für dieses Verständnis ist, dass Raum wie auch Zeit für Luhmann „Medien zur Errechnung von Objekten" (Stichweh 1998, S. 342) sind. Die gesellschaftlichen Teilsysteme behandeln Themen gemäß der jeweils eigenen operativen Codes (Heiland 1999; Kühne 2014a, b). Dabei werden lediglich jene Teile der Umwelt beobachtet, die aus der Sicht der eigenen Systemlogik heraus zwingend Beachtung finden müssen beziehungsweise die zu einer Verunsicherung der eigenen Logik führen. In ‚landschaftsbezogener' Perspektive bedeutet dies: Das soziale bzw. individuelle Konstrukt ‚Landschaft' sowie seine physischen Grundlagen werden beispielsweise nur dann zum Gegenstand der Behandlung im gesellschaftlichen Teilsystem ‚Wirtschaft', wenn damit Geld verdient oder verloren werden kann. Dies gilt beispielsweise für die Land- oder Forstwirtschaft, die Immobilienwirtschaft, aber auch in Bezug auf Veränderungen der physischen Grundlagen von ‚Landschaft' zum Beispiel durch den Bau von Windkraftanlagen oder die Gewinnung von mineralischen Rohstoffen. Für die Politik wird ‚Landschaft' dann relevant, wenn mit diesem Thema Macht gewonnen oder verloren werden kann. So wird sie dann in Resonanz (so der Luhmannsche Terminus) versetzt, wenn beispielsweise Bürgerinitiativen massiv gegen bestimmte Vorhaben protestieren (Kühne und Weber 2017b;

Weber und Kühne 2016). Ansonsten wird die Behandlung des Themas der Administration überlassen, die damit gemäß den rechtlichen Rahmenbedingungen verfährt. Eine Besonderheit weist das gesellschaftliche Teilsystem der Massenmedien auf: Diese sind – so Luhmann – in der Lage, die Gesellschaft einerseits in Gänze in Resonanz zu versetzen und andererseits, den Code der Moral zu bedienen (Luhmann 1996). Dies bedeutet im landschaftsbezogenen Kontext: Sie können als ‚Landschaften' bezeichnete physische Arrangements oder deren Veränderungen moralisch aufladen und damit die gesamte Gesellschaft erreichen (Kühne 2008c, 2014a). Mit der Entwicklung des Web 2.0 ist diese Sichtweise allerdings einer kritischen Betrachtung zu unterziehen, da die mediale Kommunikation an Zentrierung auf bestimmte Publikationsorgane abnimmt und sich stattessen in – vielfach selbstreferenziell organisierten – Internetgruppen vollzieht (vgl. Nagle 2017). Damit werden mögliche Fragen einer radikalkonstruktivistisch ‚neuen Landschaftsgeographie' deutlich: Gemäß welcher Logiken erfolgt die Behandlung von ‚Landschaft' in den einzelnen gesellschaftlichen Teilsystemen? In welcher Form vollzieht sich das In-Resonanz-Versetzen durch Landschaftskommunikation? Wie wird die Landschaftskommunikation der anderen gesellschaftlichen Teilsysteme beobachtet und gemäß der eigenen Logik verarbeitet?

Aus radikalkonstruktivistisch-systemtheoretischer ‚Landschafts'-Perspektive lässt sich beispielsweise der Ansatz konservierender Landschaftserhaltung einordnen (siehe Kühne 2005). Die derzeitige Landschaftspflege zielt häufig darauf ab, einen aktuellen Zustand oder historische Idealbilder zu bewahren oder wiederherzustellen. Systemisch wird die Tätigkeit damit auf den Erhalt von ‚Landschaft' in der Perspektive des Teilsystems Landschaftspflege ausgerichtet. Das Teilsystem Naturschutz ist wiederum auf den Schutz seltener Tier- und Pflanzenarten ausgerichtet, die in einer ‚typischen Landschaft' vorkommen, was aber nicht zwingend die ‚Landschaft' der Landschaftspflege sein muss. Je nach gesellschaftlicher Teilsystem-Logik werden unterschiedliche Ansprüche an ‚Natur und Landschaft' formuliert und aktualisiert und so zum Gegenstand der Kommunikation. Aus systemtheoretischer Perspektive lässt sich vor diesem Hintergrund die ‚konservierende Landschaftspflege' mit ihrer Definition spezifisch gewünschter Erhaltungszustände als Entkomplexisierung deuten, mit der *eine* Möglichkeit der Entwicklung von ‚Landschaft' herausgegriffen und umgesetzt werden soll. So werden auch Systemgrenzen etabliert, mit denen andere ‚Landschaftsentwicklungsmodelle' negiert werden. Ob und gegebenenfalls wie nun weitere gesellschaftliche Teilsysteme, beispielsweise Politik und Landwirtschaft, ‚konservierende Landschaftserhaltung' aufgreifen und bewerten, hängt davon ab, wie stark und wodurch diese in Resonanz versetzt werden, was analytisch beleuchtet werden kann (Kasten 3.4, Radikalkonstruktivistisch-systemtheoretische Forschungsperspektive auf einen Blick).

Kasten 3.4: Radikalkonstruktivistisch-systemtheoretische Forschungsperspektive auf einen Blick

- **Grundlagen**
  - Systemtheorie Niklas Luhmanns (1984, 1986)
  - naturwissenschaftliche Grundlagen (siehe hierzu einführend bspw. Glasersfeld 1995; Maturana und Varela 1987)
- **Landschaftsverständnis**
  - ‚Landschaft' erhält nur dann Relevanz, wenn gesellschaftliche Teilsysteme in Kommunikation Bezüge aktualisieren
  - ‚Landschaft' kein Gegenstand, sondern wird kommunikativ erzeugt → ohne Kommunikation keine ‚Landschaft'
- **Schwerpunkte der Forschungsperspektive**
  - Analyse gesellschaftlicher Teilsysteme und ihrer Bezugnahmen auf ‚Landschaft'
  - Untersuchung moralisierender Kommunikation zu ‚Landschaft'
- **Zentrale Fragen**
  - Wie werden gesellschaftliche Teilsysteme durch die Thematisierung von ‚Landschaft' in Resonanz versetzt?
  - Gemäß welcher Logiken wird ‚Landschaft' in den einzelnen gesellschaftlichen Teilsystemen konstruiert?
  - Wie wird die Landschaftskommunikation der anderen gesellschaftlichen Teilsysteme beobachtet und gemäß der eigenen Logik verarbeitet?
- **Methoden**
  - tendenziell Ansatz auf Meta-Ebene
  - qualitative Methoden der Sozialforschung (Dokumenten- und Inhaltsanalyse, …)
- **Weiterführende Literatur**
  - Kneer und Nassehi (1997): Einführender Überblick über die Systemtheorie
  - Heiland (1999): Naturschutz aus systemtheoretischer Perspektive
  - Kühne (2005): Konservierende Landschaftserhaltung konstruktivistisch-systemtheoretisch bewertet
  - Kühne (2014a): Ökosystemdienstleistungen aus systemtheoretischer Perspektive
  - Lippuner (2005): Ein systemtheoretischer Blick auf ‚Raum'

Quelle: Eigene Zusammenstellung.

4 Die Notwendigkeit einer ‚neuen Landschaftsgeographie' – ein Fazit

‚Landschaft' mag zwar zwischenzeitlich weitgehend aus der Human-/Anthropogeographie verschwunden/verbannt worden sein, doch ist die Thematik gesellschaftlich keineswegs bedeutungslos geworden – ganz im Gegenteil: Im Kontext aktueller Konfliktlagen rund um die Energiewende, die Rohstoffgewinnung, die Einrichtung von Großschutzgebieten oder Infrastrukturprojekte werden Bezugnahmen auf ‚Landschaft und Heimat' regelmäßig (re)produziert. Und Bedeutungszuschreibungen wandeln sich weiter – wie bereits vielfach im Geschichtsverlauf geschehen. Eine neuerliche Auseinandersetzung erscheint auch für die Geographie geboten und möglich, wenn sich denn ‚alten' Ballasts entledigt wird.

Mit dem Kieler Geographentag 1969 wurde ein radikaler Schnitt vollzogen, der in der Folgezeit positivistische und schließlich konstruktivistische Ausrichtungen auf die Kategorie ‚Raum' bedingte. Traditionslinien der Landschaftsforschung wurden über Bord geworfen, doch wären durchaus Ansatzpunkte gegeben gewesen, die konstruktivistisch anschlussfähig erscheinen: So äußerte beispielsweise Lehmann (1973), dass ‚Landschaft' „nicht gegenständlich" sei, wenn auch „an die realen Dinge der Außenwelt an[ge]knüpft" würde und sie „in besonderer Weise auf sie bezogen" sei (Lehmann 1973, S. 40). ‚Landschaft' sei „auch ein psychisches Phänomen" (Lehmann 1973, S. 41) beziehungsweise sei „selbst schon ein geistiges Gebilde" (Lehmann 1973, S. 47). Carol (1973, S. 143, 146) verwies ebenfalls beispielsweise auf ‚Landschaft' jenseits eines Realobjektes: „Wenn es keine von der Natur gegebene, alle Sphären der Erdhülle am selben Ort unterteilende Gliederung gibt, kann es auch keine ‚Landschaften' im Sinne von ‚Raumorganismen' als Forschungsobjekte der Geographie geben." Landschaftsforschung nahm allerdings letztlich einen Umweg über die angelsächsische Geographie, die Soziologie oder die Philosophie, um hierüber in konstruktivistischer Tradition schließlich auch wieder in der deutschsprachigen Human-/Anthropogeographie anzukommen.

O. Kühne et al., *Neue Landschaftsgeographie*, essentials,
https://doi.org/10.1007/978-3-658-20840-0_4

Die Hinwendung der deutschsprachigen Geographie zu einer in diesem *essential* skizzierten ‚neuen Landschaftsgeographie' bietet zahlreiche Chancen (vgl. Kühne 2009, 2014c):

- Sie vollzieht den Übergang zu konstruktivistischen Ansätzen in der Landschaftsforschung, wie sie beispielswiese in der Kulturgeographie mit dem *cultural turn* zu einer ‚neuen Kulturgeographie' bereits vollzogen wurde.
- Sie führt zu einer Entwicklung, die in der englischsprachigen Geographie bereits in den 1980er Jahren einsetzte.
- Sie bietet die Möglichkeit der Besetzung einer Leerstelle, die nach dem Kieler Geographentag durch Nachbardisziplinen teilweise gefüllt wurde.
- Der Ausdruck ‚neue Landschaftsgeographie' vermittelt einerseits eine Kontinuität mit der wissenschaftlichen Befassung mit ‚Landschaft', andererseits aber auch eine neue dezidiert anti-essentialistische Perspektive.
- ‚Neue Landschaftsgeographie' versteht sich nicht als ‚Lehre der Landschaft', sondern als Reflexionsebene dessen, was gesellschaftlich als ‚Landschaft' gedeutet und bewertet wird. Der Zugang setzt damit auf der Meta-Ebene an.
- Ihre innere perspektivische Differenziertheit macht die ‚neue Landschaftsgeographie' interdisziplinär – wie gezeigt – anschlussfähig, sei es zu den Kultur- und Sozialwissenschaften (dies gilt für alle verwendeten theoretischen Zugänge), dies gilt aber auch für die Planungswissenschaften.

Im Vergleich insbesondere zu einer essentialistischen, eingeschränkt auch zu einer positivistischen Landschaftsforschung, ist die ‚neue Landschaftsgeographie' nur in sehr geringem Maße (wenn überhaupt) in der Lage, normative Aussagen auf der Ebene physischer Objekte zu treffen. Sehr wohl normativ kann sie jedoch auf der Meta-Ebene wirken: Hier kann sie sich dazu äußern, wie Diskurse, aber auch Planungsprozesse, gestaltet sein sollten, um ein maximales Maß an Chancen- und Verfahrensgerechtigkeit sicherzustellen. Vielfältige Kontexte gilt es weitergehend aus konstruktivistischen Perspektiven zu beleuchten, darunter ‚virtuelle Landschaften', ‚Geräuschs- und Geruchslandschaften', ‚Stadtlandschaften', ‚Waldlandschaften', ‚Landschaften und Atmosphäre' oder ‚touristische Landschaften', um nur einige Beispiele anzureißen. Gleichzeitig sind weitergehende theorie- und methodenorientierte Reflexionen erforderlich, um die ‚neue Landschaftsgeographie' weiter auszudifferenzieren. Das vorliegende *essential* bietet einen Ansatzpunkt, um sich der Thematik anzunähern und sich tiefer gehend damit auseinanderzusetzen. Bleiben Sie also dran am Thema ‚Landschaft'!

Was Sie aus diesem *essential* mitnehmen können

- Die wissenschaftliche Befassung mit ‚Landschaft' gewinnt vor dem Hintergrund verstärkter Bezugnahmen auf ‚Landschaft und Heimat' (bspw. im Kontext infrastruktureller Großvorhaben wie Maßnahmen zur Umsetzung der Energiewende) zunehmend an Bedeutung.
- Mit essentialistisch-essentialistischen Lesarten von ‚Landschaft' geriet die geographische Landschaftsforschung in den 1960er Jahren ins Abseits, doch mit konstruktivistischen Perspektiven eröffnen sich neue Analysemöglichkeiten, mit denen ‚Landschaft' nicht als Gegenstand, sondern als ‚soziale Konstruktion' untersucht wird.
- Die Skizzierung unterschiedlicher konstruktivistischer Zugänge und deren analytische sowie methodische Ausrichtungen bietet die Grundlage für eine tiefer gehende Beschäftigung mit den jeweiligen Ansätzen, insbesondere durch die Angabe weiterführender Literatur.
- Je nach konstruktivistischem Zugang lassen sich unterschiedliche Aspekte fokussieren:
  - individuelle und gesellschaftliche Konstruktionsprozesse von ‚Landschaft' aus sozialkonstruktivistischer,
  - Machtfragen und Bedeutungsverschiebungen im Zeitverlauf aus diskurstheoretischer und
  - Kommunikation zu ‚Landschaft' innerhalb gesellschaftlicher Teilsysteme aus radikalkonstruktivistischer Perspektive.

O. Kühne et al., *Neue Landschaftsgeographie*, essentials,
https://doi.org/10.1007/978-3-658-20840-0

Literatur

Albert, G. (2005). *Hermeneutischer Positivismus und dialektischer Essentialismus Vilfredo Paretos*. Wiesbaden: VS Verlag.

Angermüller, J. (2014). Einleitung. Diskursforschung als Theorie und Analyse. Umrisse eines interdisziplinären und internationalen Feldes. In J. Angermüller, M. Nonhoff, E. Herschinger, F. Macgilchrist, M. Reisigl, J. Wedl, et al. (Hrsg.), *Diskursforschung. Ein interdisziplinäres Handbuch* (S. 16–36). Bielefeld: Transcript.

Aschenbrand, E. (2017). *Die Landschaft des Tourismus. Wie Landschaft von Reiseveranstaltern inszeniert und von Touristen konsumiert wird*. Wiesbaden: Springer VS.

Barthes, R. (2007). *S/Z*. Frankfurt a. M.: Suhrkamp (frz. Original 1970).

Bastian, O., & Schreiber, K.-F. (Hrsg.). (1999). *Analyse und ökologische Bewertung der Landschaft*. Mit 164 Tabellen (2., neubearbeite Aufl.). Heidelberg: Spektrum Akademischer Verlag.

Bauer, M. (1995). Resistance to new technology and its effects on nuclear power, information technology and biotechnology. In M. Bauer (Hrsg.), *Resistance to new technology. Nuclear power, information technology, and biotechnology* (S. 1–38). Cambridge: Cambridge University Press.

Berger, P. L., & Luckmann, T. (1966). *The social construction of reality. A treatise in the sociology of knowledge*. New York: Anchor books.

Blotevogel, H. H. (1996). Aufgaben und Probleme der Regionalen Geographie heute. Überlegungen zur Theorie der Landes- und Länderkunde anläßlich des Gründungskonzepts des Instituts für Länderkunde, Leipzig. *Berichte zur deutschen Landeskunde, 70*(1), 11–40.

Blumer, H. (1969). *Symbolic interactionism*. London: University of California Press.

Bourdieu, P. (1991). Physischer, sozialer und angeeigneter physischer Raum. In M. Wentz (Hrsg.), *Stadt-Räume* (S. 25–34). Frankfurt: Campus.

Bruns, D. (2013). Landschaft – Ein internationaler Begriff? In D. Bruns & O. Kühne (Hrsg.), *Landschaften: Theorie, Praxis und internationale Bezüge* (S. 153–168). Schwerin: Oceano.

Bruns, D., & Kühne, O. (2013). Landschaft im Diskurs. Konstruktivistische Landschaftstheorie als Perspektive für künftigen Umgang mit Landschaft. *Naturschutz und Landschaftsplanung, 45*(3), 83–88.

O. Kühne et al., *Neue Landschaftsgeographie*, essentials,
https://doi.org/10.1007/978-3-658-20840-0

Bruns, D., & Kühne, O. (2015). Zur kulturell differenzierten Konstruktion von Räumen und Landschaften als Herausforderungen für die räumliche Planung im Kontext von Globalisierung. In B. Nienaber & U. Roos (Hrsg.), *Internationalisierung der Gesellschaft und die Auswirkungen auf die Raumentwicklung. Beispiele aus Hessen, Rheinland-Pfalz und dem Saarland* (Arbeitsberichte der ARL, Bd. 13, S. 18–29). Hannover: Selbstverlag. https://shop.arl-net.de/media/direct/pdf/ab/ab_013/ab_013_gesamt.pdf. Zugegriffen: 8. März 2017.

Bruns, D., & Paech, F. (2015). „Interkulturell_real" in der räumlichen Entwicklung. Beispiele studentischer Arbeiten zur Wertschätzung städtischer Freiräume in Kassel. In B. Nienaber & U. Roos (Hrsg.), *Internationalisierung der Gesellschaft und die Auswirkungen auf die Raumentwicklung. Beispiele aus Hessen, Rheinland-Pfalz und dem Saarland* (Arbeitsberichte der ARL, Bd. 13, S. 54–71). Hannover: Selbstverlag. https://shop.arl-net.de/media/direct/pdf/ab/ab_013/ab_013_gesamt.pdf. Zugegriffen 8. März 2017.

Buchwald, K. (1978). Landschaft – Begriff, Elemente, System. In K. Buchwald & W. Engelhardt (Hrsg.), *Handbuch für Planung, Gestaltung und Schutz der Umwelt: Bd. 2. Die Belastung der Umwelt* (S. 1–23). München: BLV Verlagsgesellschaft.

Burckhardt, L. (2004). *Wer plant die Planung? Architektur, Politik und Mensch.* Berlin: Martin Schmitz.

Burckhardt, L. (2006a). Landschaft (1998). In M. Ritter & M. Schmitz (Hrsg.), *Warum ist Landschaft schön? Die Spaziergangswissenschaft* (S. 114–123). Kassel: Martin Schmitz.

Burckhardt, L. (2006b). *Warum ist Landschaft schön? Die Spaziergangswissenschaft.* Kassel: Martin Schmitz.

Burckhardt, L. (2013). *Der kleinstmögliche Eingriff.* Berlin: Martin Schmitz.

Burr, V. (1998). Realism, relativism, social constructionism and discourse. In I. Parker (Hrsg.), *Social constructionism, discourse and realism* (S. 13–26). London: Sage.

Burr, V. (2005). *Social constructivism.* London: Routledge.

Carol, H. (1973). Grundsätzliches zum Landschaftsbegriff (1957). In K. Paffen (Hrsg.), *Das Wesen der Landschaft* (Wege der Forschung, Bd. 39, S. 142–155). Darmstadt: Wissenschaftliche Buchgesellschaft.

Chilla, T., Kühne, O., Weber, F., & Weber, F. (2015). „Neopragmatische" Argumente zur Vereinbarkeit von konzeptioneller Diskussion und Praxis der Regionalentwicklung. In O. Kühne & F. Weber (Hrsg.), *Bausteine der Regionalentwicklung* (S. 13–24). Wiesbaden: Springer VS.

Chilla, T., Kühne, O., & Neufeld, M. (2016). *Regionalentwicklung.* Stuttgart: Ulmer.

Claßen, T. (2016). Landschaft. In U. Gebhard & T. Kistemann (Hrsg.), *Landschaft, Identität und Gesundheit. Zum Konzept der Therapeutischen Landschaften* (S. 31–44). Wiesbaden: Springer VS.

Corner, J. (1999). Introduction. Recovering landscape as a critical cultural practice. In J. Corner & A. Balfour (Hrsg.), *Recovering landscape: Essays in contemporary landscape theory* (S. 1–29). New York: Princeton Architectural Press.

Corner, J. (2002). The hermeneutic landscape (1991). In S. R. Swaffield (Hrsg.), *Theory in landscape architecture. A reader* (Penn studies in landscape architecture, S. 130–131). Philadelphia: University of Pennsylvania Press.

Cosgrove, D. (1985). Prospect, perspective and the evolution of the landscape idea. *Transactions of the Institute of British Geographers, 10*(1), 45–62. https://doi.org/10.2307/622249.

Cosgrove, D., & Daniels, S. (Hrsg.). (1988). *The iconography of landscape. Essays on the symbolic representation, design and use of past environments* (Cambridge Studies in Historical Geography, Bd. 9). Cambridge: Cambridge University Press.

Cosgrove, D. E. (1984). *Social formation and symbolic landscape*. London: University of Wisconsin Press.

Cosgrove, D. E. (1993). *The Palladian landscape. Geographical change and its cultural representations in sixteenth-century Italy*. Pennsylvania: Pennsylvania State University Press.

Derrida, J. (1999). *Randgänge der Philosophie*. Wien: Passagen-Verlag (frz. Original 1972).

Duncan, J. (1995). Landscape geography, 1993–94. *Progress in Human Geography, 19*(3), 414–422. https://doi.org/10.1177/030913259501900308.

Egner, H. (2010). *Theoretische Geographie*. Darmstadt: Wissenschaftliche Buchgesellschaft.

Eisel, U. (2009). *Landschaft und Gesellschaft. Räumliches Denken im Visier* (Raumproduktionen: Theorie und gesellschaftliche Praxis, Bd. 5). Münster: Westfälisches Dampfboot.

Felber Rufer, P. (2006). *Landschaftsveränderung in der Wahrnehmung und Bewertung der Bevölkerung. Eine qualitative Studie in vier Schweizer Gemeinden*. Birmensdorf: Eidgenössische Forschungsanstalt WSL.

Fontaine, D. (2017a). Ästhetik simulierter Welten am Beispiel Disneylands. In O. Kühne, H. Megerle, & F. Weber (Hrsg.), *Landschaftsästhetik und Landschaftswandel* (S. 105–120). Wiesbaden: Springer VS.

Fontaine, D. (2017b). *Simulierte Landschaften in der Postmoderne. Reflexionen und Befunde zu Disneyland, Wolfersheim und GTA V*. Wiesbaden: Springer VS.

Foucault, M. (1981). *Archäologie des Wissens* (Suhrkamp-Taschenbuch Wissenschaft, Bd. 356). Frankfurt a. M.: Suhrkamp (frz. Original 1969).

Foucault, M. (2007). *Die Ordnung des Diskurses. Mit einem Essay von Ralf Konersmann* Frankfurt a. M.: Fischer Taschenbuch (frz. Original 1971).

Gailing, L., & Leibenath, M. (2012). Von der Schwierigkeit, „Landschaft" oder „Kulturlandschaft" allgemeingültig zu definieren. *Raumforschung und Raumordnung, 70*(2), 95–106. https://doi.org/10.1007/s13147-011-0129-8.

Gailing, L., & Leibenath, M. (2015). The Social construction of landscapes: Two theoretical lenses and their empirical applications. *Landscape Research, 40*(2), 123–138. https://doi.org/10.1080/01426397.2013.775233.

Glasersfeld, E. v. (1995). *Radical constructivism. A way of knowing and learning* (Studies in mathematics education series, Bd. 6). London: Falmer Press.

Glasze, G., & Mattissek, A. (2009a). Die Hegemonie- und Diskurstheorie von Laclau und Mouffe. In G. Glasze & A. Mattissek (Hrsg.), *Handbuch Diskurs und Raum. Theorien und Methoden für die Humangeographie sowie die sozial- und kulturwissenschaftliche Raumforschung* (S. 153–179). Bielefeld: Transcript.

Glasze, G., & Mattissek, A. (2009b). Diskursforschung in der Humangeographie: Konzeptionelle Grundlagen und empirische Operationalisierung. In G. Glasze & A. Mattissek (Hrsg.), *Handbuch Diskurs und Raum. Theorien und Methoden für die Humangeographie sowie die sozial- und kulturwissenschaftliche Raumforschung* (S. 11–59). Bielefeld: Transcript.

Glasze, G., & Mattissek, A. (Hrsg.). (2009c). *Handbuch Diskurs und Raum. Theorien und Methoden für die Humangeographie sowie die sozial- und kulturwissenschaftliche Raumforschung*. Bielefeld: Transcript.

Gleitsmann, R.-J. (2011). Der Vision atomtechnischer Verheißungen gefolgt: Von der Euphorie zu ersten Protesten – Die zivile Nutzung der Kernkraft in Deutschland seit den 1950er Jahren. *Journal of New Frontiers in Spatial Concepts, 3*(2011), 17–26. http://ejournal.uvka.de/spatialconcepts/wp-content/uploads/2011/04/spatialconcepts_article_1232.pdf. Zugegriffen: 30. Okt. 2017.

Greider, T., & Garkovich, L. (1994). Landscapes: The social construction of nature and the environment. *Rural Sociology, 59*(1), 1–24. https://doi.org/10.1111/j.1549-0831.1994.tb00519.x.

Haber, W. (2001). Kulturlandschaft zwischen Bild und Wirklichkeit. In Akademie für Raumforschung und Landesplanung. (Hrsg.), *Die Zukunft der Kulturlandschaft zwischen Verlust, Bewahrung und Gestaltung* (Forschungs- und Sitzungsberichte der ARL, Bd. 215, S. 6–29). Hannover: Selbstverlag.

Hammerschmidt, V., & Wilke, J. (1990). *Die Entdeckung der Landschaft. Englische Gärten des 18. Jahrhunderts*. Stuttgart: Deutsche Verlags-Anstalt.

Hard, G. (1977). Zu den Landschaftsbegriffen der Geographie. In A. Hartlieb von Wallthor & H. Quirin (Hrsg.), *„Landschaft" als interdisziplinäres Forschungsproblem. Vorträge und Diskussionen des Kolloquiums am 7./8. November 1975 in Münster* (S. 13–24). Münster: Aschendorff.

Hard, G. (2002). Zu Begriff und Geschichte von „Natur" und „Landschaft" in der Geographie des 19. und 20. Jahrhunderts. In G. Hard (Hrsg.), *Landschaft und Raum. Aufsätze zur Theorie der Geographie* (Osnabrücker Studien zur Geographie, Bd. 22, S. 171–210). Osnabrück: Universitätsverlag Rasch (Erstveröffentlicht 1983).

Heiland, S. (1999). *Voraussetzungen erfolgreichen Naturschutzes: Individuelle und gesellschaftliche Bedingungen umweltgerechten Verhaltens, ihre Bedeutung für den Naturschutz und die Durchsetzbarkeit seiner Ziele*. Landsberg: Ecomed-Verlag.

Hofmeister, S., & Kühne, O. (Hrsg.). (2016a). *StadtLandschaften. Die neue Hybridität von Stadt und Land*. Wiesbaden: Springer VS.

Hofmeister, S., & Kühne, O. (2016b). StadtLandschaften: Die neue Hybridität von Stadt und Land. In S. Hofmeister & O. Kühne (Hrsg.), *StadtLandschaften. Die neue Hybridität von Stadt und Land* (S. 1–10). Wiesbaden: Springer VS.

Hokema, D. (2013). *Landschaft im Wandel? Zeitgenössische Landschaftsbegriffe in Wissenschaft, Planung und Alltag*. Wiesbaden: Springer VS.

Ipsen, D. (2006). *Ort und Landschaft*. Wiesbaden: VS Verlag.

Jessel, B., & große, F. (2000). „Landschaft" – zum Gebrauch mit einem als selbstverständlich gebrauchten Begriff. In S. Appel, E. Duman, F. große Kohorst, & F. Schafranski (Hrsg.), *Wege zu einer neuen Planungs- und Landschaftskultur. Festschrift für Hanns Stephan Wüst* (S. 143–160). Kaiserslautern: Selbstverlag.

Kaufmann, S. (2005). *Soziologie der Landschaft*. Wiesbaden: VS Verlag.

Kloock, D., & Spahr, A. (2007). *Medientheorien. Eine Einführung* (UTB, 1986). München: Fink.

Kneer, G., & Nassehi, A. (1997). *Niklas Luhmanns Theorie sozialer Systeme. Eine Einführung*. München: Fink.

Konermann, M. (2001). Das Schutzgut Landschaftsbild in der Landschaftsrahmenplanung Rheinland-Pfalz. *Natur und Landschaft, 76*(7), 311–317.

Körner, S., & Eisel, U. (2006). Nachhaltige Landschaftsentwicklung. In D. D. Genske (Hrsg.), *Fläche – Zukunft – Raum. Strategien und Instrumente für Regionen im Umbruch* (Schriftenreihe der Deutschen Gesellschaft für Geowissenschaften, Bd. 37, S. 45–60). Hannover: Deutsche Gesellschaft für Geowissenschaften.

Kremer, D., & Kilcher, A. B. (2015). *Romantik. Lehrbuch Germanistik* (Lehrbuch, 4., aktualisierte Aufl.). Stuttgart: J. B. Metzler.

Kühnau, C., Reinke, M., Blum, P., & Brunnhuber, M. (2013). Standortfindung für Windkraftanlagen im Naturpark Altmühltal. *Erstellung eines Zonierungskonzepts. Naturschutz und Landschaftsplanung, 45*(9), 271–278.

Kühne, O. (2005). *Landschaft als Konstrukt und die Fragwürdigkeit der Grundlagen der konservierenden Landschaftserhaltung – Eine konstruktivistisch-systemtheoretische Betrachtung.* (Beiträge zur Kritischen Geographie, Bd. 4). Wien: Selbstverlag.

Kühne, O. (2006a). *Landschaft in der Postmoderne. Das Beispiel des Saarlandes.* Wiesbaden: DUV.

Kühne, O. (2006b). Landschaft und ihre Konstruktion. Theoretische Überlegungen und empirische Befunde. *Naturschutz und Landschaftsplanung, 38*(5), 146–152.

Kühne, O. (2008a). Die Sozialisation von Landschaft – sozialkonstruktivistische Überlegungen, empirische Befunde und Konsequenzen für den Umgang mit dem Thema Landschaft in Geographie und räumlicher Planung. *Geographische Zeitschrift, 96*(4), 189–206.

Kühne, O. (2008b). *Distinktion – Macht – Landschaft.* Zur sozialen Definition von Landschaft. Wiesbaden: VS Verlag.

Kühne, O. (2008c). Landschaft und Kitsch – Anmerkungen zu impliziten und expliziten Landschaftsvorstellungen. *Naturschutz und Landschaftsplanung, 44*(12), 403–408.

Kühne, O. (2009). Grundzüge einer konstruktivistischen Landschaftstheorie und ihre Konsequenzen für die räumliche Planung. *Raumforschung und Raumordnung, 67*(5–6), 395–404. https://doi.org/10.1007/BF03185714.

Kühne, O. (2011). Heimat und sozial nachhaltige Landschaftsentwicklung. *Raumforschung und Raumordnung, 69*(5), 291–301. https://doi.org/10.1007/s13147-011-0108-0.

Kühne, O. (2012). *Stadt – Landschaft – Hybridität. Ästhetische Bezüge im postmodernen Los Angeles mit seinen modernen Persistenzen.* Wiesbaden: Springer VS.

Kühne, O. (2013a). Landschaft zwischen Objekthaftigkeit und Konstruktion – Überlegungen zur inversen Landschaft. In D. Bruns & O. Kühne (Hrsg.), *Landschaften: Theorie, Praxis und internationale Bezüge* (S. 181–193). Schwerin: Oceano.

Kühne, O. (2013b). *Landschaftstheorie und Landschaftspraxis. Eine Einführung aus sozialkonstruktivistischer Perspektive.* Wiesbaden: Springer VS.

Kühne, O. (2014a). Das Konzept der Ökosystemdienstleistungen als Ausdruck ökologischer Kommunikation. Betrachtungen aus der Perspektive Luhmannscher Systemtheorie. *Naturschutz und Landschaftsplanung, 46*(1), 17–22.

Kühne, O. (2014b). Landschaft und Macht: von Eigenlogiken und Ästhetiken in der Raumentwicklung. *Ausdruck und Gebrauch, 12,* 151–172.

Kühne, O. (2014c). Wie kommt die Landschaft zurück in die Humangeographie? Plädoyer für eine ‚konstruktivistische Landschaftsgeographie'. *Geographische Zeitschrift, 102*(2), 68–85.

Kühne, O. (2015). Historical developments: The evolution of the concept of landscape in German linguistic areas. In D. Bruns, O. Kühne, A. Schönwald, & S. Theile (Hrsg.), *Landscape culture – Culturing landscapes. The differentiated construction of landscapes* (S. 43–52). Wiesbaden: Springer VS.

Kühne, O. (2017). Der intergenerationelle Wandel landschaftsästhetischer Vorstellungen – Eine Betrachtung aus sozialkonstruktivistischer Perspektive. In O. Kühne, H. Megerle, & F. Weber (Hrsg.), *Landschaftsästhetik und Landschaftswandel* (S. 53–67). Wiesbaden: Springer VS.

Kühne, O. (2018a). *Landschaft und Wandel. Zur Veränderlichkeit von Wahrnehmungen*. Wiesbaden: Springer VS.

Kühne, O. (2018b). *Landschaftstheorie und Landschaftspraxis. Eine Einführung aus sozialkonstruktivistischer Perspektive* (2., aktualisierte u. überarbeitete Aufl.). Wiesbaden: Springer Fachmedien.

Kühne, O., & Franke, U. (2010). *Romantische Landschaft. Impulse zur Wiederentdeckung der Romantik in der Landschafts- und Siedlungsgestaltung in der norddeutschen Kulturlandschaft. Ein Plädoyer*. Schwerin: Oceano.

Kühne, O., & Weber, F. (2015). Der Energienetzausbau in Internetvideos – Eine quantitativ ausgerichtete diskurstheoretisch orientierte Analyse. In S. Kost & A. Schönwald (Hrsg.), *Landschaftswandel – Wandel von Machtstrukturen* (S. 113–126). Wiesbaden: Springer VS.

Kühne, O., & Weber, F. (2016). Landschaft im Wandel. *Nachrichten der ARL, 46*(3–4), 16–20.

Kühne, O. & Weber, F. (2017a). Conflicts and negotiation processes in the course of power grid extension in Germany. *Landscape Research online first,* 1–13. https://doi.org/10.1080/01426397.2017.1300639.

Kühne, O., & Weber, F. (2017b). Geographisches Problemlösen: das Beispiel des Raumkonfliktes um die Gewinnung mineralischer Rohstoffe. *Geographie aktuell und Schule, 225,* 16–24.

Kühne, O., Weber, F., & Weber, F. (2013). Wiesen, Berge, blauer Himmel. Aktuelle Landschaftskonstruktionen am Beispiel des Tourismusmarketings des Salzburger Landes aus diskurstheoretischer Perspektive. *Geographische Zeitschrift, 101*(1), 36–54. https://doi.org/10.1007/978-3-658-15848-4_19.

Kühne, O., Schönwald, A., & Weber, F. (2017a). Die Ästhetik von Stadtlandhybriden: URFSURBS (*Urbanizing former suburbs*) in Südkalifornien und im Großraum Paris. In O. Kühne, H. Megerle, & F. Weber (Hrsg.), *Landschaftsästhetik und Landschaftswandel* (S. 177–198). Wiesbaden: Springer VS.

Kühne, O., Megerle, H., & Weber, F. (2017b). Landschaft – Landschaftswandel – Landschaftsästhetik: Einführung – Überblick – Ausblick. In O. Kühne, H. Megerle, & F. Weber (Hrsg.), *Landschaftsästhetik und Landschaftswandel* (S. 1–22). Wiesbaden: Springer VS.

Laclau, E. (1993). Discourse. In R. E. Goodin & P. Pettit (Hrsg.), *A companion to contemporary political philosophy* (S. 431–437). Oxford: Blackwell.

Laclau, E. (2002). *Emanzipation und Differenz*. Wien: Turia und Kant (engl. Original 1996).

Laclau, E. (2007). *On populist reason*. London: Verso.

Laclau, E., & Mouffe, C. (2015). *Hegemonie und radikale Demokratie. Zur Dekonstruktion des Marxismus* (5., überarbeitete Aufl.). Wien: Passagen-Verlag (engl. Orig. 1985).

Lautensach, H. (1973). Über die Erfassung und Abgrenzung von Landschaftsräumen. In K. Paffen (Hrsg.), *Das Wesen der Landschaft* (Wege der Forschung, Bd. 39, S. 20–38). Darmstadt: Wissenschaftliche Buchgesellschaft (Erstveröffentlichung 1938).

Lehmann, H. (1973). Die Physiognomie der Landschaft (1950). In K. Paffen (Hrsg.), *Das Wesen der Landschaft* (Wege der Forschung, Bd. 39, S. 39–71). Darmstadt: Wissenschaftliche Buchgesellschaft.

Leibenath, M. (2014). Landschaft im Diskurs: Welche Landschaft? Welcher Diskurs? Praktische Implikationen eines alternativen Entwurfs konstruktivistischer Landschaftsforschung. *Naturschutz und Landschaftsplanung, 46*(4), 124–129.

Leibenath, M., & Otto, A. (2012). Diskursive Konstituierung von Kulturlandschaft am Beispiel politischer Windenergiediskurse in Deutschland. *Raumforschung und Raumordnung, 70*(2), 119–131. https://doi.org/10.1007/s13147-012-0148-0.

Leibenath, M., & Otto, A. (2013). Windräder in Wolfhagen – Eine Fallstudie zur diskursiven Konstituierung von Landschaften. In M. Leibenath, S. Heiland, H. Kilper, & S. Tzschaschel (Hrsg.), *Wie werden Landschaften gemacht? Sozialwissenschaftliche Perspektiven auf die Konstituierung von Kulturlandschaften* (S. 205–236). Bielefeld: Transcript.

Lekan, T., & Zeller, T. (2005). The landscape of German environmental history. In T. Lekan & T. Zeller (Hrsg.), *Germany's nature. Cultural landscapes and environmental history* (S. 1–16). New Brunswick: Rutgers University Press.

Lippuner, R. (2005). *Raum – Systeme – Praktiken. Zum Verhältnis von Alltag, Wissenschaft und Geographie*. Stuttgart: Steiner.

Loidl, H. J. (1981). Landschaftsbildanalyse – Ästhetik in der Landschaftsgestaltung. *Landschaft + Stadt, 13*(1), 7–19.

Luhmann, N. (1984). *Soziale Systeme. Grundriß einer allgemeinen Theorie*. Frankfurt a. M.: Suhrkamp.

Luhmann, N. (1986). *Ökologische Kommunikation. Kann die moderne Gesellschaft sich auf ökologische Gefährdungen einstellen?* Opladen: Westdeutscher Verlag.

Luhmann, N. (1996). *Die Realität der Massenmedien*. Opladen: Westdeutscher Verlag.

Mattissek, A., & Reuber, P. (2004). Die Diskursanalyse als Methode in der Geographie – Ansätze und Potentiale. *Geographische Zeitschrift, 92*(4), 227–242.

Mattissek, A., Pfaffenbach, C., & Reuber, P. (2013). *Methoden der empirischen Humangeographie* (Das Geographische Seminar, Bd. 20). Braunschweig: Westermann Schulbuchverlag.

Maturana, H. R., & Varela, F. J. (1987). *The tree of knowledge. The biological roots of human understanding* (Revised edition). Boston: Shambhala.

Mead, G. H. (1975). *Geist, Identität und Gesellschaft aus der Sicht des Sozialbehaviorismus* (Suhrkamp-Taschenbuch Wissenschaft, Bd. 28, 2. Aufl.). Frankfurt a. M.: Suhrkamp.

Meynen, E., & Schmithüsen, J. (1953–1962). *Handbuch der naturräumlichen Gliederung Deutschlands. Neun Bände*. Remagen: Selbstverlag der Bundesanstalt für Landeskunde.

Micheel, M. (2012). Alltagsweltliche Konstruktionen von Kulturlandschaft. *Raumforschung und Raumordnung, 70*(2), 107–117. https://doi.org/10.1007/s13147-011-0143-x.

Miggelbrink, J. (2002). Konstruktivismus? ‚Use with caution'. Zum Raum als Medium der Konstruktion gesellschaftlicher Wirklichkeit. *Erdkunde, 56*(4), 337–350.

Mouffe, C. (2014). *Agonistik. Die Welt politisch denken* (Bd. 2677). Berlin: Suhrkamp.

Müller, G. (1977). Zur Geschichte des Wortes Landschaft. In A. Hartlieb, A. Hartlieb von Wallthor, & H. Quirin (Hrsg.), *„Landschaft" als interdisziplinäres Forschungsproblem. Vorträge und Diskussionen des Kolloquiums am 7./8. November 1975 in Münster* (S. 3–13). Münster: Aschendorff.

Nagle, A. (2017). *Kill all normies. The online culture wars from Tumblr and 4chan to the alt-right and Trump*. Winchester: Zero Books.

Nohl, W. (2001). *Landschaftsplanung. Ästhetische und reaktive Aspekte. Konzept, Begründungen und Verfahrensweisen auf Ebene des Landschaftsplans*. Berlin: Patzer Verlag.

Olwig, K. R. (2007). The practice of landscape ‚conventions' and the just landscape: The case of the European landscape convention. *Landscape Research, 32*(5), 579–594.

Olwig, K. R. (2009). Introduction to part one. Law, polity and the changing meaning of landscape. In K. R. Olwig & D. Mitchell (Hrsg.), *Justice, power and the political landscape* (S. 5–10). Abingdon: Routledge.

Otto, A., & Leibenath, M. (2013). Windenergielandschaften als Konfliktfeld. Landschaftskonzepte, Argumentationsmuster und Diskurskoalitionen. In L. Gailing & M. Leibenath (Hrsg.), *Neue Energielandschaften – Neue Perspektiven der Landschaftsforschung* (S. 65–75). Wiesbaden: Springer VS.

Paffen, K. (1973a). Der Landschaftsbegriff als Problemstellung (1953). In K. Paffen (Hrsg.), *Das Wesen der Landschaft* (Wege der Forschung, Bd. 39, S. 71–112). Darmstadt: Wissenschaftliche Buchgesellschaft.

Paffen, K. (1973b). Einleitung. In K. Paffen (Hrsg.), *Das Wesen der Landschaft* (Wege der Forschung, Bd. 39, S. IX–XXXVII). Darmstadt: Wissenschaftliche Buchgesellschaft.

Rathfelder, A., & Megerle, H. (2017). Wahrnehmung und Nutzung von Flusslandschaften durch unterschiedliche gesellschaftliche Gruppen am Beispiel des Neckars. In O. Kühne, H. Megerle, & F. Weber (Hrsg.), *Landschaftsästhetik und Landschaftswandel* (S. 121–138). Wiesbaden: Springer VS.

Roßmeier, A., Weber, F., & Kühne, O. (2018). Wandel und gesellschaftliche Resonanz – Diskurse um Landschaft und Partizipation beim Windkraftausbau. In O. Kühne & F. Weber (Hrsg.), *Bausteine der Energiewende* (S. 653–679). Wiesbaden: Springer VS.

Roth, M. (2012). *Landschaftsbildbewertung in der Landschaftsplanung. Entwicklung und Anwendung einer Methode zur Validierung von Verfahren zur Bewertung des Landschaftsbildes durch internetgestützte Nutzerbefragungen* (IÖR-Schriften, Bd. 59). Berlin: Rhombos-Verlag.

Roth, M., & Bruns, E. (2016). *Landschaftsbildbewertung in Deutschland. Stand von Wissenschaft und Praxis* (BfN-Skripten, Bd. 439). Bonn-Bad Godesberg: Selbstverlag.

Saussure, F. d. (1997). *Cours de linguistique générale. Publié par Charles Bailly et Albert Séchehaye avec la collaboration de Albert Riedlinger* (Grande bibliothèque Payot, Édition critique préparée par Tullio de Mauro). Paris: Payot (Erstveröffentlichung 1916).

Schenk, W. (2001). Landschaft. In H. Beck, D. Geuenich, & H. Steuer (Hrsg.), *Reallexikon der Germanischen Altertumskunde* (Bd. 17, S. 617–630). Berlin: De Gruyter.

Schenk, W. (2006). Der Terminus „gewachsene Kulturlandschaft" im Kontext öffentlicher und raumwissenschaftlicher Diskurse zu „Landschaft" und „Kulturlandschaft". In U. Matthiesen, R. Danielzyk, S. Heiland, & S. Tzschaschel (Hrsg.), *Kulturlandschaften als Herausforderung für die Raumplanung. Verständnisse – Erfahrungen – Perspektiven* (Forschungs- und Sitzungsberichte, Bd. 228, S. 9–21). Hannover: Selbstverlag.

Schenk, W. (2011). *Historische Geographie (Geowissen kompakt).* Darmstadt: WBG Wissenschaftliche Buchgesellschaft.

Schenk, W. (2013). Landschaft als zweifache sekundäre Bildung – historische Aspekte im aktuellen Gebrauch von Landschaft im deutschsprachigen Raum, namentlich in der Geographie. In D. Bruns & O. Kühne (Hrsg.), *Landschaften: Theorie, Praxis und internationale Bezüge* (S. 23–36). Schwerin: Oceano.

Schmithüsen, J. (1973). Was ist eine Landschaft? (1963). In K. Paffen (Hrsg.), *Das Wesen der Landschaft* (Wege der Forschung, Bd. 39, S. 156–174). Darmstadt: Wissenschaftliche Buchgesellschaft.

Schönwald, A. (2017). Ästhetik des Hybriden. Mehr Bedeutungsoffenheit für Landschaften durch Hybridisierungen. In O. Kühne, H. Megerle, & F. Weber (Hrsg.), *Landschaftsästhetik und Landschaftswandel* (S. 161–175). Wiesbaden: Springer VS.

Schultze, J. H. (1973). Landschaft (1966/70). In K. Paffen (Hrsg.), *Das Wesen der Landschaft* (Wege der Forschung, Bd. 39, S. 202–219). Darmstadt: Wissenschaftliche Buchgesellschaft.

Schütz, A. (1960). *Der sinnhafte Aufbau der sozialen Welt. Eine Einleitung in die Verstehende Soziologie* (2. Aufl.). Wien: Julius Springer (Erstveröffentlicht 1932).

Schütz, A. (1971). *Gesammelte Aufsätze 1. Das Problem der Wirklichkeit* (1962). Den Haag: Martinus Nijhoff.

Schwarze, T. (1996). Landschaft und Regionalbewußtsein – Zur Entstehung und Fortdauer einer territorialbezogenen Reminiszenz. *Berichte zur deutschen Landeskunde, 70*(2), 413–433.

Schwarzer, M. (2014). *Von Mondlandschaften zur Vision eines neuen Seenlandes. Der Diskurs über die Gestaltung von Tagebaubrachen in Ostdeutschland.* Wiesbaden: Springer VS.

Sieverts, T. (2001). *Zwischenstadt. Zwischen Ort und Welt, Raum und Zeit, Stadt und Land* (Bauwelt-Fundamente, Bd. 118). Gütersloh: Birkhäuser.

Stakelbeck, F., & Weber, F. (2013). Almen als alpine Sehnsuchtslandschaften: Aktuelle Landschaftskonstruktionen im Tourismusmarketing am Beispiel des Salzburger Landes. In D. Bruns & O. Kühne (Hrsg.), *Landschaften: Theorie, Praxis und internationale Bezüge* (S. 235–252). Schwerin: Oceano.

Stemmer, B. (2016). *Kooperative Landschaftsbewertung in der räumlichen Planung. Sozialkonstruktivistische Analyse der Landschaftswahrnehmung der Öffentlichkeit.* Wiesbaden: Springer VS.

Stichweh, R. (1998). Raum, Region und Stadt in der Systemtheorie. *Soziale Systeme, 4*(2), 341–358.

Stotten, R. (2013). Kulturlandschaft gemeinsam verstehen – Praktische Beispiele der Landschaftssozialisation aus dem Schweizer Alpenraum. *Geographica Helvetica, 68*(2), 117–127. https://doi.org/10.5194/gh-68-117-2013.

Stotten, R. (2015). *Das Konstrukt der bäuerlichen Kulturlandschaft. Perspektiven von Landwirten im Schweizerischen Alpenraum* (alpine space – man & environment, Bd. 15). Innsbruck: Innsbruck University Press.

Thiem, N., & Weber, F. (2011). Von eindeutigen Uneindeutigkeiten – Grenzüberschreitungen zwischen Geografie und Literaturwissenschaft im Hinblick auf Raum und Kartografie. In M. Gubo, M. Kypta, & F. Öchsner (Hrsg.), *Kritische Perspektiven: „Turns", Trends und Theorien* (S. 171–193). Berlin: LIT.

Torfing, J. (1999). *New theories of discourse: Laclau, Mouffe and Žižek*. Oxford: Wiley.

Trepl, L. (2012). *Die Idee der Landschaft. Eine Kulturgeschichte von der Aufklärung bis zur Ökologiebewegung*. Bielefeld: Transcript.

Vicenzotti, V. (2011). *Der »Zwischenstadt«-Diskurs. Eine Analyse zwischen Wildnis, Kulturlandschaft und Stadt*. Bielefeld: Transcript.

Wardenga, U. (2002). Alte und neue Raumkonzepte für den Geographieunterricht. *Geographie heute, 23*(200), 8–11.

Weber, F. (2013). *Soziale Stadt – Politique de la Ville – Politische Logiken. (Re-)Produktion kultureller Differenzierungen in quartiersbezogenen Stadtpolitiken in Deutschland und Frankreich*. Wiesbaden: Springer VS.

Weber, F. (2015a). Diskurs – Macht – Landschaft. Potenziale der Diskurs- und Hegemonietheorie von Ernesto Laclau und Chantal Mouffe für die Landschaftsforschung. In S. Kost & A. Schönwald (Hrsg.), *Landschaftswandel – Wandel von Machtstrukturen* (S. 97–112). Wiesbaden: Springer VS.

Weber, F. (2015b). Landschaft aus diskurstheoretischer Perspektive. Eine Einordnung und Perspektiven. *Morphé. Rural – Suburban – Urban, 1,* 39–49. http://www.hswt.de/fileadmin/Dateien/Hochschule/Fakultaeten/LA/Dokumente/MORPHE/MORPHE-Band-01-Juni-2015.pdf. Zugegriffen: 30. Okt. 2017.

Weber, F. (2016a). Extreme Stadtlandschaften: Die französischen ‚banlieues'. In S. Hofmeister & O. Kühne (Hrsg.), *StadtLandschaften. Die neue Hybridität von Stadt und Land* (S. 85–109). Wiesbaden: Springer VS.

Weber, F. (2016b). The potential of discourse theory for landscape research. *Dissertations of Cultural Landscape Commission, 31,* 87–102. http://www.hswt.de/fileadmin/Dateien/Hochschule/Fakultaeten/LA/Dokumente/MORPHE/MORPHE-Band-01-Juni-2015.pdf. Zugegriffen 30. Okt. 2017.

Weber, F. (2017). Landschaftsreflexionen am Golf von Neapel. *Déformation professionnelle,* Meer-Stadtlandhybride und Atmosphäre. In O. Kühne, H. Megerle, & F. Weber (Hrsg.), *Landschaftsästhetik und Landschaftswandel* (S. 199–214). Wiesbaden: Springer VS.

Weber, F. (2018). *Konflikte um die Energiewende. Vom Diskurs zur Praxis*. Wiesbaden: Springer VS (im Druck).

Weber, F., & Kühne, O. (2016). Räume unter Strom. Eine diskurstheoretische Analyse zu Aushandlungsprozessen im Zuge des Stromnetzausbaus. *Raumforschung und Raumordnung, 74*(4), 323–338. https://doi.org/10.1007/s13147-016-0417-4.

Weber, F., Kühne, O., Jenal, C., Sanio, T., Langer, K., & Igel, M. (2016). Analyse des öffentlichen Diskurses zu gesundheitlichen Auswirkungen von Hochspannungsleitungen – Handlungsempfehlungen für die strahlenschutzbezogene Kommunikation beim Stromnetzausbau. Ressortforschungsbericht. https://doris.bfs.de/jspui/bitstream/urn:nbn:de:0221-2016050414038/3/BfS_2016_3614S80008.pdf. Zugegriffen: 16. Okt. 2017.

Weber, F., Jenal, C., & Kühne, O. (2017). Die Gewinnung mineralischer Rohstoffe als landschaftsästhetische Herausforderung. Eine Annäherung aus sozialkonstruktivistischer Perspektive. In O. Kühne, H. Megerle, H. Megerle, & F. Weber (Hrsg.), *Landschaftsästhetik und Landschaftswandel* (S. 245–266). Wiesbaden: Springer VS.

Weber, P., Wardenga, U., & Petzold, C. (1999). Vielfalt, Eigenart und Schönheit der Landschaft. In O. Bastian & K.-F. Schreiber (Hrsg.), *Analyse und ökologische Bewertung der Landschaft.* Mit 164 Tabellen (2., neubearbeite Aufl., S. 348–353). Heidelberg: Spektrum Akademischer.

Weichhart, P. (2008). *Entwicklungslinien der Sozialgeographie. Von Hans Bobek bis Benno Werlen* (Sozialgeographie kompakt, Bd. 1). Stuttgart: Franz Steiner Verlag.

Wenman, M. (2013). *Agonistic democracy. Constituent power in the era of globalisation.* Cambridge: Cambridge University Press.

Werbeck, M., & Wöbse, H. H. (1980). Raumgestalt- und Gestaltwertanalyse als Mittel zur Beurteilung optischer Wahrnehmungsqualität in der Landschaftsplanung. *Landschaft + Stadt, 12*(3), 128–140.

Wöbse, H.-H. (2002). *Landschaftsästhetik. Über das Wesen, die Bedeutung und den Umgang mit landschaftlicher Schönheit.* Stuttgart: Ulmer.

Wojtkiewicz, W. (2015). *Sinn – Bild – Landschaft. Landschaftsverständnisse in der Landschaftsplanung: Eine Untersuchung von Idealvorstellungen und Bedeutungszuweisungen*. Berlin: Technische Universität Berlin.

Wojtkiewicz, W., & Heiland, S. (2012). Landschaftsverständnisse in der Landschaftsplanung. Eine semantische Analyse der Verwendung des Wortes „Landschaft" in kommunalen Landschaftsplänen. *Raumforschung und Raumordnung, 70*(2), 133–145. https://doi.org/10.1007/s13147-011-0138-7.